Felix Ekardt

COOL DOWN

HERDER spektrum

Band 6186

Das Buch

Ist Klimaschutz eine große ökonomische Chance? Oder ist er viel zu teuer? Bedeutet Klimaschutz das Ende persönlicher Freiheit, das Ende von Urlaubsflügen und Autofahren? Steht uns gar ein Zeitalter der Kriege um Öl und Wasser bevor? Die bisherige Klimapolitik ist in den Kernpunkten gescheitert, erste Auswirkungen eines dramatischen Klimawandels sind bereits spürbar. Was ist zu tun? Mit ein paar neuen Energiesparbirnen und einem eher anspruchslosen neuen globalen Klimaabkommen lösen wir das Problem nicht. Felix Ekardt zeigt, warum wir die Jahrhundertaufgabe Klimaschutz ganz neu denken müssen. Wo die Politik versagt und unsere Gewohnheiten uns einen Strich durch die Rechnung machen. Und wie ein anderer globaler Klimaschutz und neue Lebensstile uns sogar zufriedener machen können – jenseits des Glaubens ans grenzenlose Wirtschaftswachstum.

Der Autor

Felix Ekardt ist Professor für Umweltrecht und Rechtsphilosophie an der Universität Rostock. Regelmäßige Beiträge in überregionalen Tageszeitungen, im Radio und im Fernsehen. Politikberatung im Klimaschutz auf EU-, Bundes- und Landesebene. Einer von fünf „Nachwuchswissenschaftlern des Jahres“ des Deutschen Hochschulverbandes und der *ZEIT* 2007. In Rankings von *Neon* sowie *Capital* unter den 100 bzw. 160 wichtigsten jungen Deutschen. Zahlreiche Vorträge zum Thema, u. a. auf den Weltkongressen der Rechtsphilosophen (mehrmals), der Rechtssoziologen und der Nachhaltigkeitsforscher.

Felix Ekardt

COOL DOWN

50 Irrtümer über unsere Klima-Zukunft

HERDER

FREIBURG · BASEL · WIEN

Originalausgabe

www.herder.de

Umschlagkonzeption und -gestaltung:
R·M·E Eschlbeck / Hanel / Gober
Umschlagmotiv: © Getty Images
Foto des Autors: © Privat

Satz: Barbara Herrmann, Freiburg
Herstellung: fgb · freiburger graphische betriebe
www.fgb.de

Gedruckt auf umweltfreundlichem, chlorfrei gebleichtem Papier
Printed in Germany

ISBN 978-3-451-06186-8

Inhaltsverzeichnis

Vorwort

Der Klimawandel stellt die Menschheit vor Probleme, die es in diesen Dimensionen noch nie gab. Allein schon deshalb müssen wir auch über Lösungen nachdenken, die so noch nie da gewesen sind. Das gelingt uns derzeit leider nicht, auch im vermeintlichen Klimavorreiter-Land Deutschland und in Europa nicht. Wir sind große „Klima-Talker", das Klima-Handeln der Politik, der Unternehmen und der Bürger ist aber unverändert lau. Wir verlieren uns in Prognosen und Katastrophenszenarien – und in unübersehbar vielen kleinen, aber zu wenig effektiven klimapolitischen Schritten. Konzepte für eine echte Klimawende, die über vielschichtiges, oft aber wenig erfolgreiches Klein-Klein hinausgehen, und die Ursachenanalysen, warum die Menschheit scheinbar blindlings in die größte Katastrophe ihrer Geschichte hineinläuft (und wie das zu ändern wäre), kommen zu kurz. Das gilt auch für die nötige moralische Einschätzung des Desasters, das wir der Welt gerade bescheren – einschließlich der durchaus unangenehmen Abwägungen, vor denen wir stehen. Daran wird auch die große Kopenhagen-Konferenz zum globalen Klimaschutz Ende 2009 wenig ändern; auch dort wird es allenfalls in Tippelschritten vorangehen. Nötig sind aber weitreichende Schritte, eben eine echte Klimawende. Wenn nicht gar eine Klima-Revolution.

Dieses Buch versucht, die so beschriebene Lücke ein Stück weit zu schließen. Adressat ist der politisch Handelnde, der gesellschaftlich Engagierte, der aufgeklärte Bürger.

Es geht um eine knappe, fundierte, zugleich aber neue Perspektive auf den Klimawandel jenseits des Mainstreams, die unbequem sein und auch Fachleute herausfordern möchte. Die „Klima-Irrtümer", die mal Klimaskeptikern, mal dem oft ziemlich lauen Klima-Mainstream unterlaufen, sind für dieses konzeptionelle Anliegen nur der Aufhänger. Natürlich sind die Irrtümer zuweilen provokant formuliert; häufig steht natürlich kein völliger Irrtum hinter dem jeweiligen Problem. Beabsichtigt ist jedenfalls kein Waschzettel mit landläufigen Energiespartipps und auch kein vergleichsweise banaler Forderungskatalog im Sinne von „die Politiker sollen endlich weltweit strengere Klimaziele beschließen". Wir brauchen einen durchaus radikaleren, dabei stärker sozial, psychologisch, moralisch, rechtlich und ökonomisch ausgerichteten – und vernetzten – Ansatz. Der über die bisherige primär naturwissenschaftliche Katastrophendebatte hinauskommt, dabei aber auch bestimmte, für die Ökonomie typische, Schieflagen vermeidet.

Dieses Buch ist geprägt durch meine Forschungen zur Klimapolitik in umweltrechtlicher, umweltethischer und umweltsoziologischer Perspektive[1] und beeinflusst von Diskussionen auf Vorträgen und in den Medien;[2] auch Erkenntnisse aus der politischen Beratungstätigkeit sind mit eingeflossen.[3] Besonders erwähnen möchte ich meine Arbeitsgruppe, deren rund 30 Mitglieder in der Regel zu Klimathemen bei mir promovieren. Gemeinsam haben wir in den letzten fünf Jahren nahezu jede Frage dieses Buches intensiv und kontrovers diskutiert.

Der an einer Zusammenfassung meines klimapolitischen Ansatzes interessierte Leser sei im Übrigen speziell auf Kapitel 19–22 hingewiesen.

Einleitung: Klimaschutz ganz neu denken – und wirksam handeln

Ein menschengemachter globaler Klimawandel ist aller Voraussicht nach die größte Herausforderung, vor der die Welt im 21. Jahrhundert steht. Dieser Wandel, der die Erde um 4–6° C oder mehr zu erwärmen droht, und die nötigen Verhinderungs- und Anpassungsmaßnahmen könnten gigantische Veränderungen für uns alle mit sich bringen. Das löst eine Fülle komplexer, dabei aber äußerst wesentlicher Fragen aus. Ist Klimaschutz eine riesige ökonomische Chance? Oder ist er einfach nur teuer und sollte deshalb so zurückhaltend wie nur möglich betrieben werden? Bedeutet ein adäquates Reagieren auf den Klimawandel das Ende unserer persönlichen Freiheit, das Ende von Urlaubsflügen und regelmäßigem Autofahren? Steht uns gar ein Zeitalter der Kriege um Öl und Wasser bevor? Die Fragen zum Klimathema sind so zahlreich und verwirrend wie die angebotenen Lösungen. Gemeinsam haben die vielstimmigen Fragen, Antworten, Konzepte und Thesen eigentlich nur eins: Sie haben wenig daran geändert, dass wir im Klimaschutz auf der Stelle treten – und geradewegs in eine beispiellose Katastrophe hineinzulaufen drohen. Dieses Buch versucht zu zeigen, warum wir die Jahrhundertaufgabe Klimaschutz ganz neu denken müssen. Warum es ohne einen wesentlich entschlosseneren Klimaschutz, bei dem wir ausgetretene Denkpfade verlassen, keine ökonomisch stabile, gerechte und friedliche Welt geben wird. Und wie ein anderer globaler Klimaschutz und neue Lebensstile uns sogar glücklicher machen können. Möglicherweise müssen wir beim Aufbruch ins Solarzeitalter aber einige lieb gewonnene Gewohnheiten und Glaubenssätze über Bord werfen. Etwa den Glauben ans grenzenlose Wirtschaftswachstum. Deshalb wird es auch darum gehen müssen, warum wir – Bürger, Unternehmer, Politiker – es bisher so schwer finden, die große Klimawende zu vollziehen.

Der Klimawandel stellt die Menschheit voraussichtlich vor Probleme, die es in diesen Dimensionen noch nie gab. Natürlich ist das Klima eine komplexe Sache. In seinem Kernanliegen ist Klimaschutz allerdings ziemlich einfach:[4] Es geht schlicht darum, viel weniger Treibhausgase auszustoßen. Also viel weniger Öl, Kohle und Gas zu verbrauchen. Und damit ein Zivilisationsmodell zu überdenken, das wir in den letzten 200 Jahren im „westlichen" Teil dieser Erde aufgebaut haben und das maßgeblich auf dem ungehemmten Verbrauch dieser fossilen Brennstoffe beruht. Auch wenn es nicht jedem klar ist, stecken die Fossilen buchstäblich überall drin. Nicht nur in Benzin und Strom, auch in Heizenergie, in Dünger, in jedem Produkt, in Kunststoffen, im Transport von Waren. Hoher Fleischkonsum, Autofahrten und Fernurlaube als Normalfall, überheizte Wohnungen, Unterhaltungselektronik und die unendlich vielen kleinen Ineffizienzen unserer Technik werden deshalb durch den Klimawandel massiv herausgefordert.

Diese Herausforderung wirklich anzunehmen, ist uns bisher leider nicht gelungen, auch im vermeintlichen Klimavorreiter-Land Deutschland und in Europa nicht. Wir sind große „Klima-Talker", unser reales Klima-Handeln ist aber unverändert lau, trotz einer nur schwer überschaubaren Masse scheinbarer klimapolitischer Maßnahmen.[5] Obwohl erste Auswirkungen des globalen Klimawandels bereits spürbar sind, ist die bisherige Klimapolitik in Kernpunkten gescheitert. Viele wohlmeinende, mit ganzem Herzen Engagierte in Politik und Gesellschaft werden das nicht gerne hören, doch sehen wir dem Ergebnis unserer bisherigen Bemühungen ins Auge: Wir Europäer stoßen immer noch mehr als das 20fache an Treibhausgasen aus, was wir ausstoßen dürften, wenn man allen Menschen weltweit und dauerhaft den gleichen Lebensstil zugestehen würde (und sollen die Afrikaner unseretwegen hungern?). Die Industrieländer stagnieren mit ihren Treibhausgasausstößen auf unannehmbar hohem Niveau – und selbst dies nur dank der Industriezusammenbrüche 1990 in Osteuropa –, obwohl sie sich völkerrechtlich zu aktiven Maßnahmen verpflichtet haben. Die Schwellenländer wie China oder Indien unterliegen bisher (anders als die westlichen Länder) erst gar keinen verbindlichen Emissionsreduktionspflichten. Weltweit sind die Klimagasemissionen seit 1990 um rund 40 % gestiegen. Die Klima-Lage ist also keinesfalls auf einem guten Weg, sie wird vielmehr immer dramatischer. Es ist zwar immer wieder von 60–80 % weniger Treibhausgasen im Westen als mögliches Ziel bis 2050 die Rede. Und von zwei Tonnen CO_2 jährlich pro Erdbewohner als Ziel bis 2050. Aktuell sind die Amerikaner aber bei 20, die Deutschen bei 11, die Chinesen bei 4 und die Afrikaner bei 0,5 Tonnen CO_2. Und der Weltklimarat der Wissenschaftler, das IPCC, fordert noch viel strengere Ziele, von denen wir noch viel weiter entfernt sind: Selbst wenn man (womöglich bereits fatale) 2° C globale Erwärmung hinnehmen würde, bräuchte man in den Industrieländern nach Meinung der Fachleute quasi eine Null-Emissions-Wirtschaft. Denn nur etwa 0,5 Tonnen pro Erdbewohner wären jährlich auf Dauer verträglich.

Aber wie könnte eine echte Klimawende gelingen? Zu diesem Thema bin ich seit einigen Jahren auf Reisen durch Deutschland, Europa, auch Asien. Mit Vorträgen vor Wissenschaftlern, Politikern oder Laien, in Talkshows und Radiosendungen. Zur Beratung von Politikern unterschiedlicher Entscheidungsebenen (vielleicht wäre es treffender, von Beratungsversuchen zu sprechen). Naturwissenschaftlich wissen wir viel über den Klimawandel, trotz aller verbleibender Unsicherheiten im Detail. Doch sozialwissenschaftlich und gesellschaftspolitisch klafft trotz vieler Einzelstellungnahmen, die sich auf Einzelfragen kaprizieren – oder schlicht dem eher erfolgsarmen Status quo der nationalen und globalen Klimaverhandlungen Beifall spenden –, immer noch eine Lücke. Mir scheint, wir brauchen bessere Ursachenanalysen unseres Klima-Versagens und unserer vielen kleinen, allzu menschlichen Gewohnheiten, kulturellen Denkpfade, ökonomischen Fehlanreize und politischen Blockaden. Wir brauchen eine bessere Einbindung des Klimathemas in ökonomische Tagesfragen. Moralisch begründete und rechtlich ausbuchstabierte Konzepte für Klimagerechtigkeit, bei denen die untergehenden Malediven und zerstörte Lebenschancen künftiger Generationen nicht länger achselzuckend hingenommen werden. Bei denen aber auch nicht die deutsche Rentnerin wegen steigender Strompreise eines Tages im Dunkeln sitzt. Und vor allem: Wir brauchen durchgreifende und vielleicht einmal ganz andere Konzepte für den globalen Klimaschutz.

Um uns alle ein wenig zu provozieren, bringe ich das Problem in die Form von 50 Irrtümern, die – teils den Klimaskeptikern, teils dem Klimaschutz-Mainstream – immer wieder unterlaufen. Einige klassische Beispiele sind:

– „Wir brauchen Wirtschaftswachstum, um Klimaschutz betreiben zu können. Und in Deutschland sind unsere wirklichen Probleme Wachstum und Arbeitsplätze."

– „In Europa ist das Umweltbewusstsein eigentlich relativ hoch. Auch global sind wir schon auf einem sehr guten Weg."

– „Globaler Klimaschutz ist ungerecht gegenüber den Entwicklungsländern, die den Klimawandel in den letzten 200 Jahren nicht verursacht haben. Außerdem würde er die wirtschaftliche Entwicklung und die Armutsbekämpfung dieser Länder untergraben."

– „Ich als einzelner Bürger kann nur sehr bedingt etwas gegen den Klimawandel unternehmen. Außerdem schränkt Klimaschutz die Selbstentfaltung und die wirtschaftliche Freiheit zu sehr ein. Machen wir uns nichts vor: In der westlichen Welt definiert Konsum meinen Status, meine Identität und mein glückliches Leben. Man tut, was man kann, aber vegetarisches Essen, kleine Autos, Urlaub mit der Bahn und Passivhäuser sind eher etwas für Öko-Fuzzis."

Dabei sind natürlich viele Irrtümer kein völliger Irrtum. Ich werde deshalb versuchen, alle Irrtümer so differenziert wie möglich und für die vorliegenden Zwecke nötig zu betrachten. Dennoch lässt sich im Kern sagen: Ein „Weiter so" führt aller Wahrscheinlichkeit nach in ein beispielloses, unsere Existenz aufs Spiel setzendes Desaster für Wirtschaft, Weltfrieden und ein gerechtes Zusammenleben auf dieser

Erde. Allein der westliche Wohlstand in seiner bisherigen Form überfordert auf Dauer schon das Weltklima. Und wenn jetzt 3 Milliarden Chinesen, Inder, Brasilianer, Mexikaner, Südafrikaner und Indonesier unser Wohlstandsmodell kopieren, steigt der Handlungsbedarf umso dramatischer. Wenn doch, wie wir sahen, zumindest die Chinesen schon heute zu viel Klimagase ausstoßen. Wenn auch pro Kopf deutlich weniger als wir Europäer.

In Kopenhagen wird Ende 2009 über die „Fortschreibung" des 2012 auslaufenden Kyoto-Protokolls entschieden. Das Ziel war und ist die Konkretisierung der allgemeinen, 1992 in Rio de Janeiro unter dem Titel Klimarahmenkonvention völkerrechtlich beschlossenen Zielstellung, gefährliche anthropogene Störungen des Weltklimas abzuwenden. Doch Kyoto, das bislang geltende Grundgesetz des globalen Klimaschutzes, war entgegen verbreiteter Wahrnehmung zwar ein großartiger, historischer, symbolischer Einstieg ins Klimathema; vom konkreten Inhalt her war es aber eher eine Art Nullrunde. Die Emissionen weltweit sind seit 1990 nicht wie erhofft gesunken, sondern dramatisch gestiegen. Das geplante Kopenhagen-Protokoll droht Kyoto trotzdem treu zu bleiben: zu lasche Ziele für Industrieländer und vorläufig gar keine richtigen Ziele für Entwicklungsländer; zweifelhafte Sanktionen im Falle der Zielverfehlung; zu viele Schlupflöcher; zu wenig Geld gegen die globale Armut, die durch den – primär im Westen verursachten – Klimawandel noch verschlimmert wird; obskure Fonds statt klare Finanzansprüche für die Entwicklungsländer, damit diese ihren wirtschaftlichen Entwicklungspfad von Anfang an klimafreundlicher gestalten können als wir in der Vergangenheit. Insbesondere wird es in Kopenhagen wohl nicht zu einer (oder gar einer strengen) globalen Treibhausgasbegrenzung für alle Länder kommen. Dabei kann man ein globales Problem nur lösen, wenn weltweit alle handeln – und wenn nicht manchen Ländern ein Anreiz gesetzt wird, schlicht die Kohle und das Öl zu verbrennen, das anderswo eingespart wurde. Dann nämlich wäre für das globale Klima rein gar nichts gewonnen.

Eigentlich ist globaler Klimaschutz so einfach wie Klimaschutz insgesamt.[6] Es braucht verbindliche, einschneidende globale Reduktionsziele für Treibhausgase und Ressourcenverbrauch, plus Ausgleichszahlungen für die sozial Schwächeren und besonders für die Entwicklungsländer, denen wir die von uns gemachten Klimaschäden zumuten. Dann wird fossile, klimaschädliche Energie teurer, und Unternehmen und Bürger weltweit steigen stattdessen massiv auf Energieeffizienz und erneuerbare Energien um. Wir im Okzident werden dabei auch umdenken und manches hinter uns lassen müssen, um zu einem dauerhaft und global praktizierbaren Lebensmodell zu gelangen – und nebenbei wird durch den Finanztransfer noch das globale Armutsproblem angegangen. Dieses Buch versucht zu zeigen, dass eine solche Klimawende möglich wäre und wie sie aussehen könnte – pragmatisch und konkret, aber trotzdem in Abkehr von der bei einigen Aktivisten sicher von viel gutem Willen getragenen, im Kern aber letztlich zu wenig erfolgreichen bisherigen Klimapolitik.

Der Typus „nüchterner Wirtschaftsfachmann“ mag von alledem wenig halten: Die große Klimawende und die Hinwendung zu nachhaltigeren Lebensstilen sei zu teuer und koste außerdem Arbeitsplätze. Ich möchte zeigen, dass das nicht stimmt. Richtiger Klimaschutz wäre voraussichtlich ein gigantischer Jobmotor; gerade die erneuerbaren Energien sind es schon heute. Anders als beispielsweise Atomkraftwerke, die nur einer Handvoll Leuten Arbeit geben. Übrigens: Selbst laut ADAC ist Autofahren schon lange viel teurer als Bahnfahren. Klimaschutz spart beispielsweise auch bei der Wärmedämmung massiv Kosten – und nicht erst langfristig wegen der vermiedenen drastischen Klimaschäden. Zudem droht eine Welt des „Weiter so“ eine Welt der Klimakriege um knapper werdendes Öl, Wasser und andere Ressourcen zu werden. Was nicht nur, aber auch massiv Geld kostet – letztlich schon heute im Irak und in Darfur. Vor allem aber stößt unser Traum vom ewigen Wirtschaftswachstum in einer physikalisch endlichen Welt auf unüberwindbare Grenzen – auch wenn in der Finanzkrise mal wieder alle nach Wachstum lechzen. Sonnenenergie, auf die wir nach und nach umsteigen könnten, ist zwar im Übermaß vorhanden, doch sind für Wachstum neben Energie auch andere, knappere Ressourcen nötig. Deshalb werden wir neben mehr Effizienz auch über einen Aufbruch zu neuen, anderen Lebensstilen reden müssen.

Das Ganze ist nicht nur eine Frage wirtschaftlicher Zukunftsfähigkeit. Es geht eben auch um eine friedliche Zukunft ohne Ressourcenkriege – und es geht um Moral. Im Moment schädigen wir aus Gewohnheit, Bequemlichkeit und Konsumfixierung massiv die Menschen künftiger Generationen – und in anderen Erdteilen. Langfristig werden wir mit unseren vielen kleinen alltäglichen, für sich genommen ganz harmlosen, in der Summe aber verheerenden Gewohnheiten Millionen Menschen das Leben zur Hölle machen. Ein moralischer Super-GAU, gegen den Abhöraffären oder US-Armeeskandale oder irgendein spektakulärer Strafprozess plötzlich ziemlich klein erscheinen. Nur sind solche menschlichen Katastrophen eben so schön personalisiert, das moralisch Katastrophale wird viel leichter bewusst. Und natürlich kostet uns unsere Empörung da auch nichts. Dagegen ist die klimaschutzbezogene Einsicht unangenehm, wenn auch absolut zwingend: Es zählt nicht nur unsere Freiheit – sondern ganz genauso auch die Freiheit künftiger Generationen und die Freiheit der Bangladeschis, die wir mit einem primär westlich verursachten Klimawandel zugrunde zu richten drohen. Der beliebte Hinweis, man solle doch „nicht so moralisieren" gegen den „mündigen Bürger", die „freie Wirtschaft" und die „demokratische Politik", erscheint angesichts dieses beispiellosen Desasters dann doch ziemlich abenteuerlich. Und der Hinweis verrät auch, wie gut wir uns in unserer heutigen westlichen Welt in einer zwar wunderbar freien und wohlhabenden, in den Konsequenzen aber ziemlich eigenartigen – genauer gesagt: ziemlich problematischen – Normalität eingerichtet haben.

Globales Handeln ist also angesagt – aus schlichtem ökonomischem und friedenspolitischem Eigennutzen und weil wir andernfalls die Gerechtigkeit in epochalem Ausmaß mit Füßen treten. Der Nationalstaat („Merkel"), den wir immer noch für die Hauptsache halten, kann kein globales Problem lösen. Es geht auch um eine langfristig sichere und friedliche Energieversorgung – in Zeiten, wo uns Öl und Gas (und irgendwann auch die Kohle) schlicht ausgehen. Und nur globale Vereinbarungen verhindern den Staaten-Wettlauf um die niedrigsten (vermeintlich „wirtschaftsfreundlichsten") Klimastandards, an dem die EU und Deutschland trotz aller Klimarhetorik ihren Anteil haben.

Doch warum machen wir alle eigentlich nicht viel mehr Druck in diese Richtung und probieren viel entschlossener neue, nachhaltige Lebensstile aus? Die Ursachen könnten sich als ebenso banal wie hartnäckig erweisen: Wir sind gefangen in gewohnt-bequemen kulturellen und wirtschaftlichen Mustern (Autos sind eben „üblich"), fixiert auf kurzfristigen ökonomischen Fortschritt. Und uns fehlt der emotionale Zugang zum durch uns verursachten Leid in fernen Ländern und bei künftigen Generationen. Nicht zuletzt: Im Zweifel sind wir Egoisten. Hinzu kommt der Teufelskreis, in dem Politiker und Bürger – und Unternehmen und Kunden – sich wechselseitig in dieser Grundeinstellung bestätigen.

Man könnte jetzt statt einer differenzierten Analyse in Schwarz-Weiß-Sichtweisen verfallen und in das gerade beim Klimaschutz beliebte China- und USA-Bashing einstimmen: Schließlich sind das die beiden weltweit größten Treibhausgasemittenten, Deutschland dagegen sieht sich als globalen Klimavorreiter. Gerne wird immer wieder der legendäre Ausspruch von George Bush senior zitiert: „Der amerikanische Lebensstil steht nicht zur Debatte." Nur, seien wir ehrlich: Der europäische Lebensstil steht genauso wenig zur Debatte wie der amerikanische. Nach wie vor haben wir den 20–50fachen Klimagasausstoß der Afrikaner. „Identität und Anerkennung durch immer mehr Konsum", egal ob es um ein wieder neues Handy oder häufige Fernreisen per Flugzeug geht, durch die wir uns als weltläufig sehen und präsentieren: Genau davon werden wir wohl wegkommen müssen. Statistisch sind Menschen in Brasilien oder Afrika übrigens nicht unglücklicher als wir, solange die Grundbedürfnisse gesichert sind. Lebensfreude hängt im Kern an zwei ganz einfachen Relationen: (a) „was möchte ich versus was habe ich" und (b) „was habe ich in Relation zu den anderen in meiner Umgebung". Man kann also durchaus zuspitzen und fragen: Ist Konsum etwa die wichtigste Lustquelle? Sind nicht die schönsten Dinge oft umsonst? Es geht also neben Ökonomie, Frieden und Moral auch um mehr Zufriedenheit für uns.

Wenn wir diesen Dingen weiter nachgehen, werden wir auch analysieren müssen, warum Konzepte wie Biosprit, Atomenergie oder gar emissionsfreie Kohlekraftwerke eher neue Probleme als Lösungen darstellen. Wir werden uns auch die überaus prekäre Frage vornehmen, ob die langsamen Entscheidungsmechanismen von Demokratien mit ihren vielen Blockaden und ihrer deutsch-europäischen Konsensliebe das Klimaproblem überhaupt lösen können. Laufen wir am Ende in die Katastrophe „Ökodiktatur" hinein? Zumal Demokratie historisch mit Wirtschaftswachstum verheiratet zu sein scheint: Fossile Brennstoffe und damit das Wirtschaftswachstum haben Verteilungskonflikte zwischen Armen und Reichen in den letzten 200 Jahren relativiert – und damit Frieden und Freiheit durchaus genützt, jedenfalls bisher.

Wird sich die fossile Phase als das große Besäufnis herausstellen, nach dem man mit einem Kater aufwacht?[7] Oder wird es uns gelingen, diese Phase als Sprungbrett zu nutzen, hin zu einer wirklich nachhaltigen Lebensweise jenseits des Wachstumsglaubens? Es geht mir damit um ein gesellschaftspolitisches, nicht um ein weiteres naturwissenschaftliches (oder rein ökonomisches) Klima-Buch. Und es geht gerade auch um Vernetzungen. Dass wir allzu häufig nur einzelne Faktoren betrachten, statt vernetzt zu denken, ist gerade ein Haupthemmnis eines wirksamen Klimaschutzes. Leider erreichen Köpfe und national verengte, narrative Themen wie Tagesereignisse, Katastrophen, Tratsch und historische Stoffe („Hitlers Frauen") uns alle viel leichter als das ziemlich „kopflastige" Klimaproblem. Sie sind so schön personalisiert, wecken eine starke irrational-spontane Neugier und sind uns einfach näher als ein Thema, das – zumindest unserem Empfinden nach – so weit weg von unserem unmittelbaren raumzeitlichen Hier und Heute ist. Obwohl es im Großen und Ganzen – und besonders bei der nur global lösbaren Überlebensfrage Klimaschutz – vermutlich ziemlich unwichtig ist, ob nun Merkel oder Steinmeier Bundeskanzler ist. Und ob Paris Hilton schwanger ist oder nicht.

I. Klimaökonomie und Klimawissen

1. „Unsere größten Probleme sind Wirtschaftswachstum und Arbeitsplätze – und ganz besonders die Finanzkrise"

Das dominante politische Thema in westlichen Ländern sind seit Jahren kurzatmige Debatten über wirtschafts- und sozialpolitische Reformen. Sie sollen Gesellschaften fit machen für die ökonomische Globalisierung sowie Wachstum und Arbeitsplätze schaffen.[8] Das Megathema ist momentan natürlich die Finanzkrise, und wie wir wieder auf den ökonomischen Wachstumspfad zurückfinden. Jedoch lenken die Standarddebatten über Finanzkrise, Wachstum, Arbeitsmarkt oder auch Sozialsystem und Demografie womöglich von einem noch gravierenderen Problem ab. Freiheit und Wohlstand haben die Voraussetzung, dass eine menschenwürdige Existenz auf dieser Erde überhaupt möglich ist. Und diese Voraussetzung gefährden wir gerade massiv.

Wir stehen vor einer epochalen globalen Erwärmung, die durch menschlich verursachte hohe Treibhausgasausstöße verursacht wird. Es geht dabei um Gase wie Kohlendioxid, Methan und Lachgas, die im Kern durch eine starke Nutzung fossiler Brennstoffe in Energieerzeugung, Produktion, konventioneller Landwirtschaft, Gebäudeheizung, Stromversorgung und Mobilität freigesetzt werden. Sie halten sich oft Jahrzehnte oder gar Jahrhunderte lang in der Atmosphäre und behindern dort die Rückstrahlung der auf die Erde eingestrahlten Sonnenwärme. Der Klimawandel ist also physikalisch ein Treibhauseffekt. Ihn einzudämmen, wird voraussichtlich die zentrale politische Herausforderung des 21. Jahrhunderts sein. Denn ein einigermaßen stabiles Globalklima ist die Grundlage unserer Existenz. Zerstören wir diese Grundlage, und genau das drohen wir gerade zu tun, brauchen wir uns über Finanzkrisen und Arbeitsplätze keine Gedanken mehr zu machen. Deshalb ist die Klimafrage *die* Herausforderung, vor der wir heute stehen. Theoretisch geben dies vom US-Präsidenten bis zum Bundesverband der Deutschen Industrie auch alle zu. Sobald es indes um konkrete Maßnahmen geht, gerät die Dramatik unserer Klima-Lage fast immer in Vergessenheit.

Eigentlich ist Klimaschutz schon ökonomisch eine zwingende Notwendigkeit.[9] Klimaschutz verspricht schon kurzfristig teilweise sogar Gewinn. Erst recht aber wären langfristig die Schäden eines fortschreitenden globalen Klimawandels unvorstellbar viel teurer, als es die anspruchsvollste Klimapolitik je sein könnte. Das heißt allerdings nicht, dass Klimaschutz mit ewigem Wirtschaftswachstum und ergo mit einer anhaltenden Fixierung etwa auf Finanzkrisen vereinbar ist. Die Ursache unseres Klimaproblems ist nämlich in aller Kürze: Wir in Europa und Nordamerika sind zu reich und werden im Grunde immer noch reicher. Streben wir weiteres Wachstum an, wird auch der Energieverbrauch und damit der Verbrauch an fossilen Brennstoffen tendenziell immer größer. Klimaschutz funktioniert aber im Kern nur auf eine ganz einfache Weise: indem man den Einsatz von Öl, Gas und Kohle und damit die Menge der Treibhausgasausstöße drastisch reduziert.

Natürlich lässt sich jetzt sagen: Man kann von fossilen Brennstoffen auf erneuerbare Energien – die kaum Treibhausgase freisetzen – umsteigen, und man kann generell Energie effizienter als bisher einsetzen. Das sind wesentliche Strategien gegen den Klimawandel. Klimapolitik – das ist letztlich der große aufregende Aufbruch ins Solarzeitalter. So können unser Energieverbrauch, unser Wohlstand und die Wirtschaft scheinbar weiter wachsen, und trotzdem schrumpfen dann unsere Treibhausgasausstöße. Klimaschutz ist eben wirklich kurzfristig eine Gewinnchance. Aus drei sehr prinzipiellen Gründen heraus zwingt uns der Klimawandel trotzdem, früher oder später dem Ende des Wachstumsparadigmas ins Auge zu sehen:

1. Wachsen wir ökonomisch immer weiter, fressen die technisch realisierbaren Energieeffizienzgewinne irgendwann die Treibhausgaseinsparungen auf („Rebound-Effekt“). Bildlich gesprochen: Wenn mein Auto zwar effizienter läuft, ich dann aber ein größeres Auto fahre, ist wenig gewonnen. Und genau so ist momentan die Tendenz.

2. Selbst wenn man per Effizienz immer noch „etwas“ an Treibhausgasen einsparen sollte, würde das nicht reichen. Will man den globalen Klimawandel auf ein nichtkatastrophales Ausmaß begrenzen, sind nämlich drastische Treibhausgasreduktionsziele zwingend nötig. Näher dazu im nächsten Kapitel. Und diese Ziele erzwingen es, neben Effizienz auch über Sparsamkeit zu reden, also über das von uns Menschen meist wenig geliebte V-Wort: Verzicht auf manchen Auswuchs unserer Zivilisation. Und dies untergräbt das Wachstums-Paradigma.

3. Und auch unabhängig davon gilt etwas sehr Banales, aber extrem Grundlegendes: Wachstum stößt in einer end-

lichen Welt physikalisch irgendwann an Grenzen (es sei denn, man meint nur Wachstum an Bildung, Musik oder Kunst). Es kann nicht die gesamte Welt – also auch alle Inder, Chinesen oder Indonesier, die sukzessive unseren Lebens- und Wachstumsstil übernehmen – dauerhaft immer reicher werden. Auch wenn wir von fossilen Brennstoffen auf Sonnenenergie umsteigen, bleiben die sonstigen Rohstoffe dieser Welt endlich. Auch Windräder und Öko-Autos werden nicht aus Luft und Liebe gebaut; auch dann nicht, wenn wir die Wüste Sahara in einen riesigen Solarenergiepark verwandeln (auch wenn das unser Problem deutlich entschärfen würde und die Solarenergie eine riesige Chance ist). Erst recht, wenn auch alle Inder und Chinesen Auto fahren und nicht nur wir Westler. Und dass allein „neue Ideen" dauerhaft wachsen und dadurch ohne jeglichen Ressourcenverbrauch doch „ewiges Wachstum" ermöglichen könnten, erscheint doch eher als eine äußerst vage Hoffnung.[10]

Alle drei Probleme sind grundlegender Art. Sie lassen sich nicht dadurch aufheben, dass man sagt, die Welt habe doch beispielsweise heute größere Ölvorräte, als man vor 30 Jahren prognostiziert hat. An dem Problem der „physikalischen Grenzen" der Erde kann man außerdem etwas äußerst Wesentliches sehen: Auch ohne Klimawandel verdient unsere gewohnte Wachstums-Religion eine Hinterfragung.[11] Das zeigt sich auch an anderen Punkten. Globale Wachstumsraten besagen beispielsweise nichts über die Gerechtigkeit der Wohlstandsverteilung: Einige können immer reicher werden und die, die Wachstum am nötigsten brauchen, treten auf der Stelle oder werden sogar ärmer – und genau so ist es heute, in Europa und weltweit. Wachstum findet tendenziell dort statt, wo es den

Menschen tendenziell schon hervorragend geht: in der europäischen und nordamerikanischen Mittel- und Oberschicht. Außerdem blendet der Wachstumsbegriff viel zu viel aus. Private soziale Arbeiten wie private Kinderbetreuung beispielsweise. Und die ökologischen Schäden unseres momentanen Wachstumspfades: Zerstört man beispielsweise systematisch Flussauen und ermöglicht damit Hochwasser mit riesigen Schäden, auf die dann ein ebenso riesiger Wiederaufbau folgt wie bei der großen ostdeutschen Flut 2002, macht das Wachstum Sprünge nach oben. Und wenn selbst Krieg in der Wachstumslogik begrüßenswert ist, wenn er nur die Wirtschaft ankurbelt, so ist dies schlicht absurd. Ist es etwa egal, wenn wir Wirtschaftswachstum wollen, dabei aber die Erde durch einen verheerenden Klimawandel unfriedlich und unbewohnbar wird – und wir dabei vielleicht nicht einmal glücklicher werden? Und wir außerdem die Rechte künftiger Generationen und der Menschen in anderen Ländern souverän ignorieren? Kann man eine wachstumsorientierte Wirtschaft, die häufig eher nutzlose Dinge herstellt, künstlich durch Werbung erzeugte Bedürfnisse befriedigt und Produkte ersetzt, die sie zuvor absichtlich mangelhaft hergestellt hat, wirklich „ökonomisch erfolgreich“ nennen?

Wenn die dringend nötige Klimadebatte damit zu einer Wachstumsdebatte wird, entsteht jedoch ein großes Problem. Nach gängiger ökonomischer Lehrbuch-Sichtweise braucht der Kapitalismus irgendeine Form von Wachstum: Würde das Sparen attraktiver als das Investieren, bräche der Arbeitsmarkt und damit der Sozialstaat zusammen. Das Wachstum muss also wenigstens die Zinsen abdecken, die Unternehmen einsetzen müssen, um Kredite für Investitionen zu erhalten. Ein verstärktes Hoffen auf „Dienstleistungen und Ideen statt Waren“ allein kann dem – wohl – kaum abhelfen; denn dieses Hoffen hängt letztlich doch vielfältig am industriellen Sektor und erreicht zudem nicht dessen Produktivität. Und „Ideen“ führen eben doch fast immer dazu, dass auch wieder konkrete materielle Ressourcen verbraucht werden: Das Internet etwa mag als immaterielle Idee erscheinen, doch die Computer und Server fressen letzten Endes eben doch gigantische Strommengen.

Es ist also offen, ob Kapitalismus Wachstum braucht. In jedem Fall wäre ein Ende des Wachstums nicht das Ende auskömmlichen menschlichen Lebens. Denn durch die ganze Menschheitsgeschichte bis Ende des 18. Jahrhunderts gab es im Wesentlichen nur stationäre, also nicht wachsende Ökonomien.[12] Historisch ist eine Wachstumsgesellschaft ein absoluter Sonderfall, gebunden an das Auftreten der fossilen Brennstoffe. Folgerichtig gehen noch die „Klassiker“ des Kapitalismus wie Adam Smith und David Ricardo oder auch John Stuart Mill keinesfalls von einer zwingenden Verknüpfung von Marktwirtschaft und Wachstum aus. Man ahnt hier nebenbei: Das Wachstumsideal hat letztlich einen auch irrationalen, religiösen Hintergrund, wie wir noch sehen werden. Also können wir uns von diesem Glauben grundsätzlich auch wieder verabschieden, jedenfalls mental. Ob der möglicherweise nötige erneute Übergang zur wachstumslosen Wirtschaft eher kleinere oder eher große Probleme bereitet, ist dagegen eine offene Frage. Wie immer man das beurteilen mag: Das Klimaproblem, der „Rebound“ und die physikalische Endlichkeit der Welt lassen uns früher oder später vielleicht keine Wahl.

Die gute Nachricht aber ist: Wir haben im Wachstumszeitalter ein technisches Wissen aufgebaut, welches es uns ermöglichen wird, die wesentlichen großen Errungenschaften dieses Zeitalters zu bewahren: eine Gesellschaft, in der es den meisten gut geht, in der niemand hungert, in der es soziale Absicherung und Gesundheitsversorgung gibt, in der man gut leben kann. Dafür müssen wir allerdings die nötige Klimawende energisch angehen – sonst droht uns der Klimawandel diese Dinge teilweise zu nehmen.

Die klassische nationale „Politik für Wachstum und Arbeitsplätze" ist demgegenüber noch aus einem anderen Grund am Ende:[13] Nationalstaatliche Politik ist in Zeiten der Globalisierung zunehmend machtlos. Die Staaten weltweit befinden sich in einem Wettlauf um Unternehmensansiedlungen; zum Opfer fällt dem ein vermeintlich „teurer" Klimaschutz, aber womöglich auch unsere Sozialstaatlichkeit und die Armutsbekämpfung im Süden – als vermeintlich wirtschaftsschädigende Kostenfaktoren. Die Chance, dass Wachstum den breiten Massen nützt – und sei es auch nur kurzfristig und materiell – schrumpft damit immer weiter. „Mehr Bildung" wird uns davor auch nicht lange bewahren. Denn danach streben die anderen mindestens ebenso wie wir Europäer. Auch wenn wir eines Tages unsere Freunde abschaffen und uns abends nur noch fortbilden, steckt die nationalstaatliche Politikebene, auf die wir so gerne starren, damit in einer Sachzwangspirale fest. Wir kommen noch genau darauf zurück.

2. „Unser naturwissenschaftliches Klimawissen ist viel zu dünn und von der Klimalobby manipuliert; allein schon deshalb ist das Klimaproblem nachrangig und uninteressant"

Auch wenn man zuweilen in den Medien – und erst recht an manchem Stammtisch – einen anderen Eindruck bekommen kann: Der grundsätzliche naturwissenschaftliche Befund zum Klimawandel und zum dafür ursächlichen Treibhauseffekt ist nahezu eindeutig, auch dank des hohen Vernetzungsgrades der gesamten weltweiten (natur- und wirtschaftswissenschaftlichen) Klimaforschung im bei der UN angesiedelten *Intergovernmental Panel on Climate Change*, einem Weltklimarat der Wissenschaftler (IPCC). Bedingt durch einen anhaltend hohen Ausstoß von Treibhausgasen sind die globalen Durchschnittstemperaturen in den letzten 100 Jahren bereits um rund 1 Grad Celsius gestiegen. Bis zum Jahr 2100 werden, bei unveränderter Entwicklung, globale Erwärmungen von insgesamt 3–6 Grad prognostiziert, eventuell auch mehr. Insbesondere dann, wenn die Schwellenländer wie China oder Indien den westlichen Lebensstil zunehmend erfolgreich imitieren. Und insbesondere auch deshalb, weil sich gegenwärtig abzeichnet, dass die Klimaforschung in ihren Prognosen noch zu zurückhaltend war.[14]

In den Details unterliegen derartige Prognosen natürlich stets Unsicherheiten. Diese betreffen vor allem die Rückkopplungseffekte eines einmal in Gang gekommenen Klimawandels. Zwar sind bestimmte dämpfende Rückkopplungseffekte in den Klimamodellen, aufgrund derer die Klimaprognosen errechnet werden, bereits weitgehend enthalten. Dagegen sind den Klimawandel verstärkende, womöglich massive Rückkopplungseffekte bisher modelltheoretisch nur unzureichend erfasst. Dies betrifft etwa polare Eisflächen, die wegen der globalen Erwärmung abschmelzen – und die dann weniger Sonnenlicht ins All zurückreflektieren, was den Klimawandel weiter anheizt. Andere Beispiele für verstärkende Rückkopplungseffekte sind die Rolle einer klimaerwärmungsbedingt steigenden Wasserdampfmenge weltweit; die Rolle einer veränderten Wolkenbildung; die Rolle der Ozeane und die marine Fauna; die Treibhausgasfreisetzung tauender Permafrostböden; Effekte einer klimawandelbedingt geänderten Landnutzung. Berechnungsunsicherheiten bestehen ferner bei der Landwirtschaft, also besonders bei Lachgas und Methan, und vor allem bei der globalen Entwaldung, die rund 20 % zum Klimawandel beiträgt. Aussagen der Klimaforschung wie die, es gäbe eine hohe Wahrscheinlichkeit dafür, Ende des 21. Jahrhunderts eine globale Erwärmung von 4 Grad Celsius oder mehr zu erreichen, sind vor diesem Hintergrund also überaus vorsichtig und keineswegs alarmistisch oder übertrieben.

Mit ziemlicher Sicherheit aber sind die IPCC-Prognosen nicht zu weitgehend, auch wenn einzelne Klimaskeptiker wie Björn Lomborg dies unverändert behaupten. Die Klimaskeptiker[15] sind vom IPCC fachlich durchgängig nicht anerkannt. Sie übertreiben tendenziell den Grad der Unsicherheit in den Klimavorhersagen und untertreiben die prognostizierten Schäden, indem beispielsweise die allein – aber nicht nur – von der Kostenseite her drastischen Folgen gewaltsamer Auseinandersetzungen um knapper werdende Ressourcen unberücksichtigt bleiben.[16] So übergehen sie, dass bestimmte negative Entwicklungen bisheriger Treibhausgasausstöße sich erst mit (mindestens) mehreren Jahrzehnten Verzögerung ereignen dürften, da sich Treibhausgase lange in der Atmosphäre halten. Auch wird übersehen, dass wegen der physikalischen Grenzen der Erde die Welt voraussichtlich nicht unbegrenzt reicher werden kann und deshalb nicht einfach angenommen werden kann, die Klimaschäden würden durch den gewachsenen Wohlstand aufgefangen werden. Es fragt sich auch, warum Lomborg auf den angeblich viel zu teuren Klimaschutz und nicht auf die Weltrüstungsetats für künftige oder gar schon heutige Ressourcenkriege (Darfur) schaut, wenn er mehr Geld für die AIDS- und Malariabekämpfung fordert – zudem niemand davon spricht, wegen der Klimapolitik die AIDS-Bekämpfung einzustellen. All das ist eigentlich ziemlich offensichtlich – umso faszinierender ist es, welch ungeheure mediale Aufmerksamkeit Lomborg in westlichen Ländern bis heute genießt.

Ein Klimawandel in besagter Größenordnung hätte nach gegenwärtigem Kenntnisstand massive ökonomische Schäden zur Folge – und er wäre eine massive Existenzgefährdung für Millionen, wenn nicht Milliarden Menschen weltweit. Er würde wohl auch gigantische Migrationsströme auslösen und damit – sowie durch zunehmende Wasser- und Nahrungsknappheit – häufige gewaltsame Auseinandersetzungen wahrscheinlicher machen. Damit liegt es unmittelbar nahe, dass uns der Klimawandel nicht egal sein sollte. Genau genommen sind wir damit freilich bei einer normativen Frage, also einer Sollens- bzw. Wertungsfrage, ergo bei einer Frage an die Politik und an die normativen Wissenschaften Recht und Ethik: Inwieweit sollen bestimmte (unsichere, ggf. allerdings drastische) negative und irreversible Folgen in Abwägung mit Gegenwartsinteressen abgewendet oder hingenommen werden? Dass sowohl unser existenzielles und ökonomisches Eigeninteresse als auch eine moralische und rechtliche Analyse eine relativ eindeutige Antwort auf diese Frage nahe legen, wird uns noch näher beschäftigen. Jedenfalls ist das keine naturwissenschaftliche Frage: Aus einer Naturbeobachtung als solcher folgt nicht logisch, dass diese Beobachtung zu begrüßen oder zu kritisieren ist.

3. „Die weltweite Klimaforschung gibt uns überzeugend das Klimaziel ‚Erderwärmung maximal 2 Grad durch 60–80 % Treibhausgasreduktion in der EU bis 2050' vor"

Die Antwort auf das Klimaproblem ist im Grunde sehr einfach. Sie lautet: weniger Treibhausgase ausstoßen. Das wiederum bedeutet: Wir müssen weniger fossile Brennstoffe nutzen. Es kann kein Weg sein, den bisherigen westlichen Entwicklungspfad unverändert fortzusetzen und dann auch noch die Schwellenländer zu animieren, sich diesem Pfad anzupassen. Auch die Strategie dahin ist theoretisch klar: Man braucht strenge Treibhausgasreduktionsziele, mehr Energieeffizienz, mehr erneuerbare Energien – die sind theoretisch nämlich weitgehend treibhausgasfrei –, vielleicht allerdings auch ein gewisses Quantum an Suffizienz, also Genügsamkeit, Verzicht auf Überflüssiges. Aber wie groß ist die Herausforderung nun? Wie viel müssen wir tun? Häufig hört und liest man: Wenn man drastische ökonomische Gefährdungen, Existenzgefährdungen für Millionen Menschen, Ressourcenkriege abwenden will, dann müsse man die Erderwärmung auf insgesamt maximal 2 Grad begrenzen. Dazu müsse man in den Industrieländern 60–80 % weniger Treibhausgase bis 2050 gegenüber 1990 ausstoßen.

Die Naturwissenschaftler, das IPCC, stellen jedoch weit einschneidendere Forderungen, wenn man die beschriebenen katastrophalen Entwicklungen halbwegs sicher vermeiden will. Das IPCC spricht von 46–79 % Treibhausgasreduktion weltweit (!) von 2000 bis 2050, wenn man nicht mehr als 2–2,4 Grad globale Erwärmung hinnehmen wolle, und bezeichnet dies als (wegen der nicht erfassten Rückkopplungseffekte) wohl noch zu zurückhaltend.[17] Bei einer von heute 6,6 Mrd. auf etwa 9 Milliarden Menschen anwachsenden Weltbevölkerung ergäbe allein schon diese IPCC-Zahl bei heute weltweit 4,6 – in Deutschland rund 11 – Tonnen CO_2 (ohne Entwaldung) jährlich pro Kopf eine Absenkungsnotwendigkeit auf deutlich weniger als eine Tonne CO_2 pro Kopf. Für Industriestaaten ergäbe dies deutlich über 90 % Emissionsreduktionen bis 2050. Dabei sind aber noch nicht einmal die Rückkopplungseffekte berücksichtigt. Außerdem können bereits 2–2,4 Grad globale Erwärmung substanzielle Bedrohungsszenarien implizieren. Zudem zeigen neuere Forschungen, etwa der NASA[18], dass die IPCC-Prognosen zum Klimawandel von 2007 von der Realität überholt werden. Der Klimawandel kommt schneller und drastischer, als es das IPCC bisher prognostiziert hatte.[19] Damit geht es für 2050 im Grunde um das Ziel einer Null-Emissions-Gesellschaft. Oder man riskiert eine Katastrophe, wie sie die Menschheit wohl noch nicht gesehen hat.

Das ist starker Tobak. Und all das steht einem wenig vor Augen, da der Klimawandel ein verzögertes Phänomen darstellt: Treibhausgase bleiben Jahrhunderte in der Atmosphäre, und selbst wenn die Menschheit am heutigen Tag aussterben würde, würde es noch einige Zeit lang global wärmer werden. Immerhin spricht der EU-Ministerrat in einer Entschließung vom März 2009 nunmehr von Emissionsreduktionen von bis zu 95 % bis 2050.[20] Da etwa der Landwirtschaftssektor gewisse nahezu unvermeidbare Emissionen aufweist, könnte dies für den Energiesektor gar negative Emissionen erforderlich machen,[21] also die Rückgewinnung von Treibhausgasen aus der Atmosphäre. Nicht unbedingt durch Düngung der Meere zwecks besserer Kohlenstoffbindung, die neuerdings diskutiert wird, die aber sehr problematisch und vielleicht schlicht wirkungslos sein könnte. Aber im Bereich der Bioenergienutzung gibt es hier eine interessante Option, auf die wir später zurückkommen.

4. „Klimaschutz kostet allerdings viel Geld und ist für die Wirtschaft gefährlich"

Klimapolitik bedeutet also: Treibhausgasbegrenzungen; mehr Effizienz; mehr erneuerbare Ressourcen; mehr Suffizienz. Diese Ansätze sind zugleich ein wesentlicher Baustein, um überhaupt dauerhaft Strom, Wärme und Treibstoff langfristig zu akzeptablen Preisen zur Verfügung zu haben. Denn die fossilen Brennstoffe sind endlich, werden also knapper und immer teurer werden. Schon rein ökonomisch und für die Energieversorgungssicherheit müssen wir deshalb umdenken, nicht nur wegen des Klimas, zumal man etwa in Europa damit von instabilen Weltregionen, wo Öl und Gas lagern, unabhängiger werden würde.[22] Klimaschutz spart oft allerdings nicht nur langfristig, sondern schon kurzfristig massiv Energiekosten, etwa bei der Wärmedämmung. Zugleich können neue Technologien wie erneuerbare Energien und Energieeffizienz neue Arbeitsplätze und Märkte schaffen. Die Klimawende wäre also auch eine große Chance, gerade in Zeiten, wo alle über die Finanzkrise reden (und zwar eine viel größere als eine zweifelhafte Auto-Abwrackprämie). Dass ein Kohle-Großkraftwerk für Investoren irgendwie spannender und handfester aussieht als ein Windpark (und die von ihren Aktionären abhängigen Unternehmen deshalb gern mit der überholten Technologie weitermachen), ist deshalb selbst für die Beteiligten eine beschränkte Sichtweise. Allein schon, weil Großkraftwerke viel weniger Arbeitsplätze sichern. In jedem Fall aber ist es gesamtwirtschaftlich eine beschränkte Sichtweise. Übrigens gilt all das nicht nur für Strom: Autofahren ist schon lange bei weitem teurer als Bahnfahren.

Noch viel nachdrücklicher ökonomisch zwingend ist ein entschlossener Klimaschutz langfristig betrachtet. Und zwar aus einem ganz einfachen Grund: wegen der vermiedenen drastischen Klimaschäden. Ein Klimawandel mit Ernteausfällen, Naturkatastrophen, Überschwemmungen, unbewohnbar werdenden Landstrichen und ganzen Ländern oder gar riesigen Migrationsströmen wäre nach Schätzungen der Wirtschaftswissenschaftler nämlich rund fünfmal teurer als wirksame Klimaschutzmaßnahmen; besonders berühmt ist der Stern-Report von 2007.[23] Diese ökonomischen Schätzungen sind wiederum keineswegs alarmistisch, sondern äußerst konservativ. Die Kosten möglicher Klimakriege um Öl, Wasser und andere Ressourcen sind in den Berechnungen im Wesentlichen gar nicht enthalten. Und Ressourcenkriege kosten nicht nur, aber auch massiv Geld – letztlich schon heute im Irak und in Darfur. Erst recht nicht einberechnet sind weniger sichere, aber trotzdem denkbare Klimawandels-Verläufe. Etwa ein Versiegen des Golfstroms, was Europa unbewohnbar machen würde und schon vom ökonomischen Schaden her kaum noch sinnvoll bezifferbar wäre. Denn mit einem versiegenden Golfstrom könnte der Rest der Welt brütend heiß werden und zugleich die europäische Temperatur unter Eiszeitniveau sinken. Vor diesen Hintergründen wäre es schon ökonomisch – aber nicht nur ökonomisch – in katastrophaler Weise blauäugig, Klimaschutz in der gegenwärtigen globalen Finanzkrise zurückzustellen, zumal eine solche Krise das nötige substanzielle Umsteuern gerade erleichtern könnte. Klimaschutz ermöglicht langfristige wirtschaftliche Stabilität. Allerdings kann uns auch die Klimapolitik den Traum vom ewigen Wirtschaftswachstum wohl nicht zurückgeben, wie wir sahen.

5. „Der globale Klimaschutz ist schon auf einem sehr guten Weg"

Der Handlungsbedarf ist also dramatisch. Die geschilderten naturwissenschaftlichen und ökonomischen Befunde bilden den Hintergrund einer Debatte, deren Anfänge mehr als 20 Jahre zurückreichen. Darauf aufbauend kam es in den letzten Jahren nach und nach zu einer ganzen Reihe klimapolitischer Maßnahmen. Als eine Art „Grundgesetz des globalen Klimaschutzes“ wurde 1992 in Rio de Janeiro die Klimarahmenkonvention der UN vereinbart, auf deren Umsetzung auch die Klimastrategie der EU und der Bundesrepublik maßgeblich abzielt. Dieses Rahmenübereinkommen der Vereinten Nationen über Klimaänderungen formuliert das verbindliche Ziel, „gefährliche“ anthropogen verursachte Klimaänderungen abzuwenden. Im 1997 vereinbarten Kyoto-Protokoll wird die Rahmenkonvention folgerichtig in konkrete Treibhausgasreduktionspflichten für Industriestaaten bis 2012 – gemessen an 1990 – übersetzt. Diese globale Festlegung kann gar nicht hoch genug geschätzt werden; sie ist ein epochaler Schritt – doch sie ist nur ein allererster Schritt. Das liegt daran, dass übers Klima zwar viel geredet wird, die Widerstände gegen eine echte Klimawende jedoch groß sind. Wir schauen uns diese Widerstände bei Politikern, Unternehmen und uns allen noch genau an.

Das Kyoto-Protokoll ist trotz aller Klimarhetorik ein Problemkind, auch wenn es absolut zu begrüßen und bemerkenswert ist, dass überhaupt eine globale Verpflichtung zum Klimaschutz existiert. Die Industrieländer müssen nach diesem Protokoll lediglich 5,2 % Treibhausgasreduktion von 1990 bis 2012 erbringen. Gemessen daran, dass das IPCC im Okzident bis 2050 quasi die Null-Emissions-Gesellschaft (Zero Carbon Society) fordert, ist das extrem wenig. Und selbst dieses Mini-Ziel wird voraussichtlich, wenn überhaupt, nur dank der Industriezusammenbrüche 1990 in Osteuropa erreicht werden. Eigentlich steigen auch im Westen die Emissionen nämlich weiter. Oder genauer ausgedrückt: In Ländern wie Kanada, Australien und USA steigen sie drastisch, in Ländern wie Großbritannien und Deutschland sinken sie – aber nur leicht. Die Schwellenländer wie China oder Indien unterliegen gemäß dem Kyoto-Protokoll erst gar keinen Reduktionsverpflichtungen. Weltweit sind die Klimagasemissionen seit 1990 um rund 40 % gestiegen.[24]

Diese Bilanz ist aus vielerlei Gründen noch geschönt. So geht die globale Treibhausgasbilanz zwar zum größten Teil auf fossile Brennstoffeinsätze zurück, aber nicht nur. Die Entwaldung etwa im Regenwald, und die Landwirtschaft (soweit man nicht allein das Erdöl für die Düngerproduktion meint) sind sehr viel schwerer zu erfassen und werden deshalb leicht unterschätzt. Wichtiger noch ist: Die Industrieländer müssen gemäß Kyoto ihre – geringen – Reduktionspflichten nicht zu Hause erbringen, sondern können sich klimaschützende Aktivitäten in den Entwicklungsländern anrechnen lassen, die sie finanzieren (*Clean Development Mechanism*). Solche CDM-Maßnahmen sollen den Klimaschutz billiger machen, da Klimaaktivitäten auf der Südhalbkugel oft für weniger Geld als in Europa möglich sind. CDM bewirkt also keinen „zusätzlichen Klimaschutz", sondern macht die Reduktion einer Treibhausgasmenge einfach nur billiger; und CDM funktioniert natürlich nur, wenn die Projekte auf der Südhalbkugel auch wirklich so viele Treibhausgase einsparen wie vorgegeben. Genau das ist jedoch bei der großen Mehrzahl von CDM-Projekten zweifelhaft. Wenn die CDM-Projekte wenig bringen, aber trotzdem voll auf die Treibhausgasreduktionsbilanz angerechnet werden, ist jene Bilanz folglich geschönt. Abgesehen davon ist CDM vielleicht auch per se gar nicht so sinnvoll: CDM lenkt nämlich ab von den Änderungsmöglichkeiten und Potenzialen, die wir direkt hier bei uns im Westen haben.

Aktuell bemühen sich die Staaten um erste Entwürfe für ein neues globales Abkommen, das Ende 2009 in Kopenhagen beschlossen werden und ab 2013 gelten soll. Denn Kyoto gilt nur bis 2012. Der künftige globale Klimaschutz, der wohl als Änderungsprotokoll zum Kyoto-Protokoll gefasst werden wird, droht jedoch Kyoto treu zu bleiben: eher lasche Ziele; wenig Pflichten für die Entwicklungsländer; zweifelhafte oder gar keine Sanktionen im Falle der Zielverfehlung; zu viele Schlupflöcher wie ein wohl weitgehend unveränderter CDM; zu wenig Geld gegen die globale Armut, die durch den Klimawandel noch verschlimmert wird.

6. „Besonders die EU und Deutschland sind Klimavorreiter – das Problem sind China, Indien und die USA"

Die Hochburg des Klima-Diskurses ist Europa. Die deutsche und europäische Klimapolitik erreicht seit Monaten ein noch nie da gewesenes Aktivitätsniveau.[25] Gerade die deutsche Politik hat in letzter Zeit eine beeindruckende Vielzahl von Gesetzen erlassen oder weiterentwickelt, um bis 2020 gegenüber 1990 eine Treibhausgasreduktion von 35–40 % zu ermöglichen. Es gibt jetzt ein Erneuerbare-Energien-Wärmegesetz, welches für Neubauten eine anteilige Nutzungspflicht erneuerbarer Wärme vorschreibt. Es gibt eine reformierte Kfz-Steuer und eine Abwrackprämie für Altautos. Eine verbesserte Energieeffizienzverordnung für Gebäude ist ebenfalls auf dem Weg, um die Wärmedämmung voranzubringen; denn allein auf Gebäude entfällt über ein Drittel des deutschen Treibhausgasausstoßes. Ebenso nehmen die Kennzeichnungen für energieeffiziente Geräte zu. Bereits seit 1999 gibt es ferner eine spezielle Strom- und Mineralölsteuer, die Strom und Treibstoff verteuern und ihre Verwendung folglich effizienter und sparsamer machen soll. Auch gibt es eine Reihe von Subventionsprogrammen und sonstigen kleinen Regelungen. Besonders erwähnenswert ist aber: Die Förderung von erneuerbarem Strom aus Sonne, Wind, Biomasse, Wasserkraft oder Geothermie durch das Erneuerbare-Energien-Gesetz (EEG) ist weltweit zum Vorbild geworden. Nicht bei Wärme und Treibstoff, aber zumindest im Strommarkt sind jetzt über 15 % Anteil erneuerbarer Energien zu verzeichnen. Sie hat Deutschland auch zum Weltmeister beim Windstrom gemacht. Das ist gelungen, weil das EEG attraktive feste Vergütungssätze für Erneuerbare-Energien-Strom sowie eine Abnahmepflicht des Stroms für die Stromnetzbetreiber vorschreibt.

Auch die EU ist nicht untätig und will durch mehr Energieeffizienz und mehr erneuerbare Energien die EU-weiten Emissionen bis 2020 um 20 % senken. Dafür werden beispielsweise die bereits vorhandenen Reduktionspflichten für energieintensive Unternehmen EU-weit verschärft. Das betrifft etwa Stromkonzerne, die Stahl- oder die Zementherstellung – wobei die Unternehmen schrumpfende Emissionskontingente erhalten, mit denen sie dann handeln dürfen, wenn sie selbst weniger Kontingente brauchen und ein anderes Unternehmen vielleicht mehr, weil bei diesem anderen Unternehmen die vorgeschriebene Treibhausgasreduktion schwerer zu bewerkstelligen ist. Dieser Unternehmens-Emissionshandel soll Ziele festlegen, ihre Umsetzung aber für die Unternehmen erleichtern und durch die Flexibilität billiger machen (aus gleichen Gründen erlaubt das Kyoto-Protokoll international einen Staaten-Emissionshandel zwischen den Staaten, die Reduktionspflichten gemäß Kyoto unterliegen). Ferner schreibt die EU neuerdings ihren Mitgliedstaaten bestimmte Ausbauziele für erneuerbare Energien vor. Auch effizientere Autos werden verordnet, ebenso wie mehr Anstrengungen der EU-Mitgliedstaaten in anderen Klimaschutzbereichen.

Doch die Zielvorgaben und die ergriffenen Maßnahmen – die möglicherweise zur Erreichung dieser Ziele nicht einmal ausreichen – bleiben zu wenig ambitioniert, wenn man die Herausforderungen bedenkt. Die reale Klimagasreduktionsverpflichtung Deutschlands aus dem Kyoto-Protokoll beträgt dabei real nur rund 7 % für den Zeitraum 1990–2012. Der Rest der vereinbarten 21 % Reduktionsverpflichtung wurde bereits durch den Zusammenbruch der DDR-Industrie erreicht. In Osteuropa ist die Lage identisch, weswegen 20 % Reduktion bis 2010 für die Gesamt-EU ein doch eher bescheidenes Ziel darstellt, wenn man an die Herausforderung denkt: die nötige Entwicklung zu einer Art Zero Carbon Society. Zudem erlaubt die EU künftig, dass die Hälfte oder mehr der Reduktionspflichten außerhalb Europas in zweifelhaften CDM-Projekten in Entwicklungsländern erbracht werden, die wie eben ausgeführt häufig nicht die errechnete Reduktion erbringen.

Diese gesamte Bilanz ist sogar noch weiter geschönt, und zwar nicht nur wie erwähnt durch CDM, den osteuropäischen Industriezusammenbruch 1990 und Berechnungsprobleme bei der Landnutzung. Nach dem Kyoto-Protokoll zählt nämlich immer der Entstehungsort der Emission. Die Treibhausgasbilanz der Produktion des Fernsehers landet also in der chinesischen Statistik, auch wenn das Gerät in Deutschland gekauft wird. Und der Westen hat klimagasintensive Produktionsschritte für seinen Wohlstand zunehmend in Entwicklungsländer verlagert. Zwar exportiert gerade Deutschland auch Waren. Trotzdem ist unser realer Pro-Kopf-Treibhausgasausstoß nach alledem eigentlich noch 10 % höher, als die Statistik ausweist.

Nimmt man das alles zusammen, muss man festhalten: Trotz des unzweifelhaft guten Willens einzelner Protagonisten hat sich die EU in Wirklichkeit nur eine Treibhausgasreduktion von einigen wenigen Prozent bis 2020 vorgenommen, wenn man die diversen „Schönungen" ausklammert. Wenn durch die Langlebigkeit von Klimagasen in der Atmosphäre aber selbst ein „sofortiges Aussterben der Menschheit" die Erde immer noch auf knapp 2 Grad erwärmen würde, heißt das, dass für die Vision einer Zero Carbon Society in kürzester Zeit einschneidende Maßnahmen nötig wären; genau dies leistet die bisherige Klimapolitik aber nicht. Es gibt viele interessante Regelungen, sie sind jedoch schlicht und ergreifend nicht ausreichend ambitioniert. Ganz davon abgesehen, dass bei einem globalen Problem wie dem Klima rein europäische Maßnahmen nicht ausreichen. Bemerkenswert ist außerdem: Trotz der in Europa und Deutschland oft beanspruchten Rolle als „Klimavorreiter" emittiert ein Deutscher immer noch etwa die dreifache Treibhausgasmenge eines Chinesen und ein Vielfaches eines Afrikaners;[26]

gleichzeitig werden die Südländer vom Klimawandel vergleichsweise stärker betroffen sein. Gleiches gilt für künftige Generationen: Sie sind die Geschädigten des Klimawandels, ohne ihn verursacht zu haben. Das ist die Bilanz unserer Klimapolitik; an dieser Bilanz muss sich unser ganzes beeindruckendes, kompliziertes Klimaschutzrecht messen lassen. Es sollen Treibhausgase reduziert werden, schlicht und ergreifend. Und dies hat die Klimapolitik bisher nur in kleinem Umfang geschafft, wenn man die an sich vorhandenen technischen Möglichkeiten und die verschiedenen „Verschönerungen" der Statistik bedenkt. Trotz sehr viel guten Willens bei einigen Protagonisten in Ministerien, Politik und Verbänden. Offenbar gibt es also auch einige Leute, die gerade *keinen* sehr guten Willen in puncto Klimaschutz haben.

7. „Wir brauchen Wirtschaftswachstum, um Klimaschutz betreiben zu können – und menschliche Gesellschaften basieren immer auf Wachstum"

Wenn ich die Notwendigkeit weiterer Maßnahmen bei Vorträgen oder in der Politikberatung anführe, so wird gerade in Zeiten der Finanzkrise reflexartig darauf hingewiesen, dass es zunächst einmal aufs Wirtschaftswachstum ankomme. Was soll denn sonst aus uns werden? Der Klimaschutz koste Geld und brauche doch auch Wachstum. Hinter dieser Annahme steht die unausgesprochene Vorstellung, Umweltschutz sei letztlich eine Frage teurer Schadstofffilter. Dies verkennt indes, dass ein wirksamer Schutz der Lebensgrundlagen heute andere, weniger ressourcenintensive Lebensstile nötiger braucht als Schadstofffilter. Und diese neuen Lebensstile werden durch die Forderung nach ewigem Wirtschaftswachstum vermutlich eher behindert als gefördert. Ebenso behindert werden sie durch unsere relativ faszinierende Unfähigkeit einzusehen, auf welch unglaublich hohem Wohlstandsniveau wir klagen. Deshalb wohl auch die verbreitete Ausblendung der Tatsache, dass eine entschlossene Klimawende als – auch – ökonomische Chance die Finanzkrise gerade überwinden helfen könnte.

Dass wir das nicht merken, ist teilweise wohl wieder Folge unserer Wachstumsgläubigkeit. Sie verfolgt uns überall. Wenn man beispielsweise den immer stärker sichtbaren demografischen Wandel diskutieren möchte, so wäre es wichtig zu sehen, dass jener Wandel die Lebenschancen künftiger Generationen und von Menschen in anderen Ländern wegen des dann sinkenden okzidentalen Ressourcenverbrauchs gerade erhöhen könnte. Wir aber reden monoton vom – ohnehin unerreichbaren – Ziel, wieder mehr Geburten in Europa zu haben. Und vergessen nebenbei den unbeschreiblichen Gewinn, dass es unseren wenigen Kindern wesentlich besser geht als den Kindern in zehnköpfigen Familien früherer Tage. Mancher wird jetzt einwenden, menschliche Gesellschaften seien eben immer auf Wachstum gepolt. Historisch ist das indes falsch, wie wir schon sahen. Es ginge durchaus auch anders. Nur wollen wir das vielleicht nicht so gern.

II. Klimapsychologie und Kulturgeschichte

8. „Ich selbst kann doch gar nichts gegen den Klimawandel unternehmen – am Klimawandel sind die Großkonzerne schuld“

Zwar ist das Klima bei Politikern, Unternehmen und Bürgern mehr und mehr zu einem Thema geworden. Existenzieller Druck für eine echte Kehrtwende ist jedoch selten zu spüren. Warum ignorieren wir, neben den drohenden riesigen Nachteilen für uns selbst, dass wir Leben und Gesundheit besonders von künftigen Generationen und von Menschen in anderen Erdteilen durch unseren ressourcen- und treibhausgasintensiven Lebensstil aufs Spiel setzen – mit schlecht wärmegedämmten Wohnungen, Autofahrten in Beruf und Freizeit, Urlaubsflügen, einem hohen Fleischkonsum, immer mehr Unterhaltungselektronik, immer neuen Annehmlichkeiten usw.? Und warum werden – durchaus vorhandene – kleine Fortschritte bisher durch noch größere Fehlentwicklungen überkompensiert, indem etwa die Treibhausgaseinsparungen durch Effizienzgewinne und erneuerbare Energien durch Rebound-Effekte (also durch einen immer größeren Wohlstand) kompensiert werden? All dies ist umso erstaunlicher, als wegen der zunehmenden Knappheit der globalen Öl- und Kohlereserven doch ohnehin dem tradierten westlichen Zivilisationsmodell buchstäblich der Saft auszugehen droht.

Doch an wen richten sich diese Fragen – nur an „die Politiker“? Oder an „die Unternehmen“? Letztlich geht der Klimawandel auf viele kleine, für sich genommen scheinbar irrelevante Handlungen zurück, die wir alle als Bewohner westlicher Länder jeden Tag vornehmen, meist relativ gedankenlos. Die Klimawende könnte ich ganz persönlich im Grunde jeden Tag voranbringen. Ich kann Urlaubsflüge abschaffen, Drei-Liter-Autos und energieeffiziente Produkte nutzen und im Stadtzentrum statt verkehrstreibend in der Peripherie wohnen, meinen verbleibenden Stromverbrauch aus klima- und ressourcenschonender Sonnenenergie decken, ganz generell einfach weniger kaufen. Häuser können so perfekt gebaut sein, dass sie null Energiezufuhr brauchen und trotzdem im Winter warm sind. Und brauche ich die ganze in der Herstellung oft extrem energieaufwendige Küchen- und Unterhaltungselektronik wirklich? Und das ebenfalls sehr energieintensive Gewächshausobst im Winter? Kurz: Wir könnten unsere Energie- und Ressourceneffizienz steigern und uns einige Dinge auch ganz sparen.[27]

Jeder könnte also viel tun. Die reale Entwicklung verläuft indes genau umgekehrt, auch wenn viele nicht selten sagen, dass sie „eigentlich wenig brauchen". Der Pro-Kopf-Ressourcenverbrauch und -Klimagasausstoß ist in den Industrieländern auf hohem Niveau konstant oder steigt sogar noch. Die Wohnfläche pro Person nimmt zu, die Arbeitswege werden länger, die Unterhaltungselektronik in unserem Haushalt wird immer präsenter. Gerade in der Finanzkrise – und auch sonst – werden wir geradezu aufgefordert, immer mehr zu konsumieren. Letztlich liegt die Hauptursache, warum ein echter Pfadwechsel ausbleibt, wohl in einem „doppelten Teufelskreis" zwischen politischen Entscheidungsträgern und Bürgern sowie zwischen Kunden und Unternehmen, die sich jeweils wechselseitig in bestimmten, der Nachhaltigkeit abträglichen Motivationslagen bestärken:

– Zu einer bestimmten Wirtschaftsweise gehören immer auch *Kunden*, die viele und ständig neue Produkte kaufen, nicht nach den Produktionsumständen fragen und sozial-ökologisch vorbildlich hergestellte Produkte zu teuer finden. Ebenso gehören aber auch Unternehmen dazu, die den Kunden bestimmte Angebote machen oder nicht machen.

– Der gleiche Teufelskreis besteht zwischen Politikern und Wählern. Die einen können nicht ohne die anderen – der Hinweis auf „die Konzerne“ greift deshalb zu kurz. Keine politische Partei und kein Unternehmen kommen ohne Wähler respektive ohne Käufer aus.

Man muss deshalb bestimmte menschliche und soziale Grundstrukturen analysieren, wenn man verstehen will, warum wir alle gemeinsam viel übers Klima reden, aber wenig tun.

9. „Bürger, Politiker und Unternehmer sind sich des Klimaproblems ausreichend bewusst – wir brauchen allenfalls noch mehr Energiespartipps und Klimawissen“

Nun höre ich auf meinen Reisen häufig Sätze wie „ich bin mir der Klimaproblematik ja bewusst“. Also ist die große Klimawende vielleicht nur eine Frage der Zeit? Ich fürchte nein. Mir erscheint die allseits geäußerte „Bewusstheit“ vielmehr zunehmend als Schutzschild gegen echte Verhaltensänderungen.[28] Ich empfehle, testweise einfach einmal mit jemandem, der diese „Bewusstheit" für sich beansprucht, weiter über sein Verhalten zu diskutieren. Nach meiner persönlichen Erfahrung führt das in den meisten Fällen dazu, dass man unmittelbar eine grob unsachliche oder gar pampige Reaktion bekommt. Entweder ist die Bewusstheit also nur vorgeschoben. Oder sie ist zumindest bei vielen keine reale Handlungsbereitschaft.

Seit Jahrzehnten beanspruchen wir für uns selbst ein immer höheres Umweltbewusstsein; gleichzeitig steigt aber auch der Ressourcenverbrauch – es könnte natürlich sein, dass der Ressourcenverbrauch noch drastischer gestiegen wäre, wenn das Umweltbewusstsein geringer wäre. Das lässt sich allerdings nur relativ schwer messen. Insgesamt hoffe natürlich auch ich (sonst wäre beispielsweise dieses Buch sinnlos), dass die einsetzende große Klimadebatte langfristig auch zu einem veränderten Handeln führt. Jedenfalls wird dafür ein Bewusstsein aber nicht ausreichen, welches prima facie „hoch" ist, in jeder Abwägung mit Wirtschaftswachstum, kurzfristiger Bequemlichkeit usw. aber wieder zurücktritt. Letzten Endes kann man nur dann von realem Bewusstsein sprechen, wenn es auch zu konkreten Verhaltensänderungen führt.[29]

Warum aber stecken Bürger, Unternehmen, Politiker in den Teufelskreisen fest, die den Übergang zu einer politischen Klimawende und einem klimaverträglichen Lebensstil blockieren? Der Ausgangspunkt des Klimaproblems und unseres übermäßigen Gebrauchs fossiler Brennstoffe ist im Grunde erschreckend einfach: Es ist unser Wohlstand. Doch genauer betrachtet ist die Problematik dann doch ein wenig komplexer. So sind ausgerechnet ökologisch besonders Bewusste nicht selten große Ressourcenverbraucher und beispielsweise Vielflieger und haben damit auch eine eher schlechte Klimabilanz.[30] Ein Rentner ohne viel Umweltwissen hat oft eine bessere – weil die vier wichtigsten „Klimamarker" Auto, Flüge, Fleischkonsum, Heizen auf ihn weniger zutreffen. Grünes „Wissen" ist dabei ganz offensichtlich nicht das Entscheidende, sonst müsste die Bilanz umgekehrt aussehen. Offenbar kommen auch kritischen Geistern tradierte Werte wie wirtschaftliche Prosperität, Wachstum und unbeschränkte Selbstentfaltung in die Quere. Und gerade „ökologisch Bewusste" sind vielleicht oft besonders wohlhabend und selbstentfaltungsorientiert – eher jedenfalls als vielleicht eine disziplinierte, sparsame Rentnerin.

Das heißt natürlich nicht, dass Wissen total gleichgültig wäre. So werde ich beispielsweise oft gefragt, warum ich Vegetarier bin. Während viele dabei an Tiertransporte denken, denke ich an meine Gesundheit. Und daran, dass vier bis zwölf pflanzliche Kalorien eine tierische ergeben; der Welthunger ist also ein Problem übermäßigen Fleischkonsums, weil unsere Tiere schlicht den Armen den Teller leer fressen. Weder dieser Aspekt ist in seinen Einzelheiten allgemein geläufig, noch die Klimarelevanz der Fleischproduktion. Unter anderem wegen der Düngemittel fürs Futter und wegen des Methanausstoßes von Tieren.

10. „Das Klimaproblem ist eine Frage für Naturwissenschaften und technische Innovationen. Der Mensch mit seinen psychischen Grundeigenschaften hat damit nichts zu tun“

Unwissen allein erklärt also wenig. Doch wie kommt es dann, dass wir furchtbar netten Menschen, die es ganz sicher nicht im Geringsten böse meinen, mit unseren ganz alltäglichen, lieb gewonnenen Kleinigkeiten zu Klimakillern werden? Natürlich unterliegen wir ökonomischen Zwängen und falschen Anreizen, die der Wirtschaftskreislauf uns anbietet und die Politik zulässt. (Energie ist immer noch gut bezahlbar, warum also verzichten oder effizienter werden?). Doch das allein erklärt wieder nicht alles. Dazu gehören immer auch Kunden, die das Ganze nachfragen.[31] So fliege ich vielleicht auch als ökologisch orientierter Bürger mit dem Billigflieger nach Ägypten, wenn meine Partnerin im lausig kalten Februar einfach einmal so richtig entspannen will. Doch warum?

1. Schon aus Konformität: Lasse ich den Urlaub sein, gerate ich sozial womöglich als Sonderling unter Druck. Denn unsere Normalitätsvorstellungen sind unweigerlich geprägt vom kulturellen „Pfad“, auf dem sich unser Umfeld und unsere Gesellschaft befinden. Und es gibt doch scheinbar kein Problem – bisher ist doch scheinbar „kein Klimawandel zu sehen“, unser Leben läuft doch weiter wie gewohnt. Warum also sein Verhalten ändern? Unser bisheriges Zivilsationsmodell war doch scheinbar ziemlich erfolgreich, es geht uns doch gut.

2. Zudem geht es um menschliche Gefühle: Zu raumzeitlich fernliegenden (unsichtbaren, in hochkomplexen

Kausalitäten verursachten) Klimaschäden in Bangladesh oder in 100 Jahren haben wir kaum einen emotionalen Zugang. Ebenso emotionslos, da unsichtbar, ist für mich die Energie, die der Flieger verbraucht. Oder der Fahrstuhl im Hotel. Sehr wohl merke ich dagegen emotional, wenn meine Freundin traurig ist, weil ich nicht mit ihr nach Ägypten fliege. Außerdem bringen wir gefühlsmäßig ein durchaus beachtliches Talent für Bequemlichkeit, zum Verweilen beim Gewohnten, zum Verdrängen unliebsamer Zusammenhänge, zum „andere noch schlimmer finden und sich damit rechtfertigen" („die Geländewagenfahrer sind am Klimawandel schuld") mit. In die gleiche Richtung wirkt das triviale, aber fundamentale menschliche Streben, sich Anerkennung bei anderen durch „Positionsgüter" zu verschaffen – also durch das Erstreben von Dingen, die mir selbst und den Mitmenschen zeigen, dass ich ein gut dastehender, netter, weltoffener Mensch bin.

3. Dazu kommen problematische, über Jahrhunderte eingeübte kulturelle Werte wie die unumschränkte Selbstentfaltung –

4. begleitet von schlichtem Eigennutzen: Wenn ich die Reise ablehne, verpasse ich etwas Schönes, ich bekomme Streit mit meiner Partnerin, und der ökologisch-regionale Bahnurlaub in Österreich ist mir vielleicht einfach zu teuer.

5. Zudem ist die Wahl eines wirklich „anderen" Lebensstils nicht nur durch unsere kulturelle, sondern auch durch unsere technisch-ökonomische „Pfadabhängigkeit" erschwert: Die gewachsene westliche Lebens- und Arbeitsweise macht es für mich als einzelnen wesentlich leichter, im gängigen Zivilisationsmodell zu verbleiben, als aus diesem auszubrechen. Dies sind die angesprochenen öko-

nomisch-technischen Zwänge. Dass Kohle und Öl die eingewöhnte Basis unserer Zivilisation sind, prägt uns als regelrechte Denkblockade.[32]

6. Zudem besteht das von Ökonomen so genannte Kollektivgutproblem als Rahmenstruktur des Klimawandels: Jeder Bürger und jedes Unternehmen weiß, dass individuelle Klimaschutzleistungen zuweilen Verzicht bedeuten können – dass man aber damit am Klimawandel trotzdem wenig ändert: Ich kann das globale Klima – das ein „kollektives Gut" ist und als solches von allen gleichermaßen kostenlos genutzt werden kann – allein nicht retten, und ich kann mir auch nicht mein Stückchen heiles Klima sichern.[33] Diese Gewissheit wirkt leider ziemlich entmutigend.

Betrachtet man die Dinge so, wird unsere freundliche Ignoranz gegenüber dem realen Klima-Handeln dann eigentlich recht plausibel. Die große technische Revolution für mehr Energieeffizienz oder für den Weg ins Solarzeitalter – und erst recht Verzichts-Aktionen – finden folglich wenig aktiven Zuspruch. Klare politische Vorgaben könnten hier helfen; dann würden für „alle" ähnliche Beschränkungen gelten und damit das Ganze klimapolitisch erst effektiv werden. Dann entfiele die demotivierende Wirkung des Kollektivgutproblems, und das Eigennutzenproblem wäre berücksichtigt, indem eben eine zwingende Vorgabe gegeben wird. Dafür müssten es allerdings im Kern globale Regeln sein. Denn erstens ist der Klimawandel ein globales Problem. Und zweitens können sich zwar kaum die Bürger, wohl aber die Unternehmen den Vorgaben sonst durch Abwanderung ins Ausland entziehen. Nur besteht ein erhebliches Problem: Die verantwortlichen Politiker würden womöglich abgewählt. Und der nahe liegende Eigennutzen von Politikern ist ihre Wiederwahl. Zudem unterliegen Politiker den gleichen Konformitäten, Gefühlen und Werten („unbeschränktes Wirtschaftswachstum") wie die Bürger.

So ergibt sich dann der besagte Teufelskreis zwischen Politikern und Bürgern und ebenso zwischen Kunden und Unternehmen. Auch Unternehmen wollen sich wie Politiker (eigennutzenorientiert und zudem von gewachsenen Konformitäten geprägt) am Markt behaupten und würden womöglich vom Kunden „abgewählt", wenn sie nur noch Ökoprodukte anböten; umgekehrt kann ein Bürger/Kunde natürlich nur ein solches Angebot wählen bzw. kaufen, welches ihm auch tatsächlich gemacht wird. Oder ein anderes Beispiel: Unternehmen finden den Bau von Kohlekraftwerken, weil es um ein einzelnes, großes, gut „managebares" Projekt geht, häufig interessanter als vielfältige kleine Energieeffizienzmaßnahmen, wenngleich auch diese sehr wohl Gewinn abwerfen; und ebenso mag es dem einzelnen Bürger als Kleinaktionär oft einfacher erscheinen, Großunternehmensaktien zu kaufen (und damit zu unterstützen), als sich auf ungewohnte, neuartige verbundene Klimaschutzinvestments zu kaprizieren.

11. „Verantwortungsbewusste Unternehmen und Konsumenten sind die besten Klimaschützer"

Die gesamte doppelte Teufelskreisstruktur des Klimawandels lässt sich nicht durch wohlfeile Appelle an „mehr freiwilligen Klimaschutz" bei Unternehmen und Konsumenten beheben.[34] Rein freiwillig praktizieren Unternehmen in der Praxis meist folgerichtig nur solche *Minimal*standards, deren Verletzung zu Haftungsfällen oder großer öffentlicher Aufmerksamkeit führen würde. Natürlich möchte ein Unternehmen große Chemieunfälle verhindern. Ob dem Globalklima geschadet wird, kommt demgegenüber weniger in den Blick. Ebenso praktizieren Konsumenten freiwilligen Klimaschutz primär nur dann, wenn es um Handlungen geht, die mir selbst konkret nützen. Wenn ich abnehmen möchte, werde ich vielleicht Vegetarier, selten aber werde ich Vegetarier aus Klimaschutzgründen. Weil in der Klimadebatte dennoch immer wieder an den mündigen Konsumenten appelliert wird, möchte ich darauf noch etwas näher eingehen:

Zwar verstehen immer mehr Menschen sich als „ökologisch bewusst". Dennoch ist unsere Treibhausgasbilanz, wie gesehen, unverändert schlecht. Wirtschaftsliberale Ökonomen und linke Globalisierungskritiker sagen zwar gern: Wenn die Konsumenten Klimaschutz hierzulande oder weltweit wollen, sollen sie doch passende Firmen per Kaufentscheidung „wählen". So löse der Markt von selbst jedes Problem. Diese „Konsumentendemokratie" schaffe zudem eine Form demokratischer Mitbestimmung, die auf politischer Ebene heute kaum noch erreicht werden könne. Ich bezweifle gleichwohl, dass die Bürger mit vorrangig konsumentendemokratischen Mitteln den globalen Kapitalismus, beispielsweise klimapolitisch, einhegen können. In Produktmärkten mit nur wenigen großen Anbietern etwa scheitert Konsumentendemokratie schon an fehlenden Wahlmöglichkeiten der Käufer. Diese und die folgenden Probleme gelten dabei auch für andere öko-soziale Anliegen und nicht nur für den Klimaschutz.

Der einzelne Verbraucher hat oft bereits weder die Zeit noch das Wissen, durch seine Kaufentscheidung „gute" Produkte zu prämieren. Die ökologischen Produktionsverhältnisse sind sehr häufig zu komplex und das Wissen darum beim einzelnen Verbraucher unweigerlich zu begrenzt. Gerade die vollständige Klimabilanz jedes einzelnen von mir gekauften Produkts ist von mir oft nur schwer zu durchschauen. Sehe ich etwa dem Handy an, welcher Produktionsschritt wie viel Energie verbraucht hat? Ebenso kann ich übrigens die Arbeitsbedingungen, Lohnniveaus, Abwesenheit von Kinderarbeit usw. unmöglich für einen substanziellen Teil meiner Kaufentscheidungen vorher „prüfen". Komplexe Unternehmensverflechtungen und Zulieferverhältnisse machen alles noch schwieriger.

Wenn aber die Konsumenten keinen Klimaschutz-Druck aufbauen, werden auch die Unternehmen nicht reagieren. Folgerichtig wird die freiwillige unternehmerische Neigung zu hohen Standards hier in den *Industrieländern* in der Grundtendenz häufig nur so weit reichen, wie mit einer massiven Aufmerksamkeit und einem massiven Interesse der Kunden zu rechnen ist – oder soweit es einmal darum geht, die eigenen Firmenmitarbeiter zu motivieren. Man kann dabei plausibel annehmen, dass die Vorstände auch der multinationalen Konzerne durchaus den Wunsch haben, moralisch gute Menschen zu sein und nicht als „Lumpen" dazustehen, wobei dieser Wunsch der Konformität, der inneren Überzeugung und dem Gefühl gleichermaßen geschuldet sein mag. Nur ist echte Überzeugung *allein* oft nicht stark genug: Wenn Arbeitszeiten von 14–16 Stunden pro Tag den Warenabsatz fördern, setzt sich das Eigeninteresse als Handlungsantrieb eben doch zuweilen durch. Und wenn man weiß, dass klimaschädliche Produkte eben Käufer finden, die sonst schlicht das gleiche Produkt bei einem Konkurrenzunternehmen kaufen, dann stellt man das sprichwörtliche Auto eben doch lieber selbst her und macht mit seinem Verkauf Gewinn. Was ein Unternehmensvorstand an ökologischen Zielen proklamiert und was er dann wirklich in den letzten Winkeln seines Firmenimperiums durchsetzen kann, ist im Übrigen immer zweierlei.

Für die große Klimawende per Konsumentendruck sind auch die Interessen der Menschen weltweit einfach zu unterschiedlich. Uns im Westen sind häufig besonders unser Wohlstand und unsere Selbstentfaltung wichtig. Das schadet dann nicht nur dem Klima, sondern macht auch umwelt- und sozialverträgliche Arbeitsbedingungen in Entwicklungsländern erstmal unattraktiv. Würden etwa auf der Südhalbkugel – oder bei diversen deutschen Billiganbietern und Discountern – faire Löhne gezahlt, könnte sich auch so mancher Leser dieses Buches manch lieb gewonnenes Produkt wohl nicht mehr leisten. Umgekehrt wollen Chinesen vielleicht gar keinen Konsumentendruck aus Deutschland für höhere Löhne bei ihnen, wenn das doch den chinesischen Produktionskostenvorteil kaputt macht, der ihre Jobs sichert – und bei uns die Jobs kostet. Und die weltweit Ärmsten können am Markt erst gar keinen Druck machen. Wenn der Klimawandel den Meeresspiegel steigen lässt und Bangladesch deswegen untergeht, werden wir westlichen Konsumenten daran vielleicht nicht allzu viel Interesse haben – und die Bangladeschis werden am Weltmarkt mangels Kaufkraft sozusagen nicht gefragt. Erst recht werden künftige Generationen, die Hauptopfer des Klimawandels, nicht gefragt, weil sie heute noch keine Kaufkraft verkörpern. Und die chinesischen Arbeiter in Autofabriken für den Export gen Westen haben vielleicht gar kein Interesse daran, dass westliche Konsumenten nur noch Kleinwagen kaufen, wenn diese Kleinwagen weniger Gewinn und damit weniger Lohn und Arbeitsplätze in China verheißen als dicke Schlitten.

Mit alledem behindert Allzumenschliches meine Rolle als „sozial-ökologischer globaler Konsument", wie wir sahen. Konformität, Bequemlichkeit, Gewohnheit, die fehlende Vorstellung von raumzeitlich fernliegenden Schäden, das Kollektivgutproblem. Dass wir Kunden so ticken, wissen auch die Unternehmen. Das heißt dann aber auch, dass sich (zu viele) Unternehmen mit nur noch ökologisch-sozial korrekten Produkten eventuell in den Konkurs treiben. Außerdem reichen Lippenbekenntnisse zu „freiwilligen sozial-ökologischen Unternehmensstandards in China" den Kunden oft. Die Einhaltung können (oder wollen) sie ohnehin selten prüfen, und auch Umweltverbände und Zivilgesellschaft – das an Finanzkraft stark überschätzte Lieblingskind vieler Linker – können das häufig nicht. Zu vieles ist von außen undurchschaubar, und die Datenflut der Informationsgesellschaft tut ihr Übriges. Deswegen hilft es auch wenig, einfach pauschal „mehr Information" für die Kunden zu fordern. Sicher ist Klimawissen wichtig, doch Wissen allein bestimmt nicht unser Verhalten. Und wenn schon „Wissen", dann ist der beste Transporteur von Wissen schlicht der Preis: Würde die Klimaschädigung in der Produktion Geld kosten, das auf den Verbraucher umgelegt würde, und würde Strom substanziell mehr kosten – dann wären die Klimafreundlichkeit der Herstellung meines Wasserkochers und sein Energieverbrauch für mich ein Thema. Dann würde Geld ausdrücken, dass ein stabiles Klima ein knappes, kostbares Gut ist. Ich werde später deshalb Konzepte diskutieren, die dem scheinbar kostenlosen Klima durch politische Maßnahmen einen Preis geben.

12. „Bahnfahren, vegetarisches Essen, kleine Autos, Passivhäuser und Ökoprodukte sind unbequem und teuer und eher etwas für Öko-Fuzzis"

Möglicherweise widerspricht jetzt mancher und sagt: Das alles sei Unsinn, das Interesse von Politik, Unternehmen und Bürgern an mehr Klimaschutz sei groß, nur seien neue Lebensentwürfe einfach „zu teuer" für die Bürger. Ich halte das dennoch für eine – wenn auch sehr verbreitete – Ausrede: Selbst laut ADAC ist schon bisher etwa Autofahren wesentlich teurer als Bahnfahren. Außerdem spart Klimaschutz beispielsweise bei der Wärmedämmung massiv Kosten – und erst recht natürlich für uns alle langfristig wegen der vermiedenen drastischen Klimaschäden. Unser bisheriger Lebensstil ist bestenfalls – und selbst dies eben oft nicht – schein-billig. Und diese Schein-Billigkeit könnten wir ganz leicht entlarven – indem wir Gesetze machen, die klimaschädliches Handeln teurer machen, so dass es nicht mal mehr kurzfristig schein-billig ist. Wenn wir uns genau dagegen wehren, dann ist das keine Frage des Preises. Sondern eine Frage von Gewohnheit, Konformität, raumzeitlich verengter Emotionalität, sehr kurzfristig definiertem Eigennutzen – und bestimmten Moral- und Glücksvorstellungen.

Wenn man die Medien, den Buchmarkt und bestimmte Filme betrachtet, fällt freilich noch ein weiterer Aspekt auf: Es wird häufig suggeriert, die Forderung nach einer großen Klimawende laufe auf unmenschliche, völlig aberwitzige Verhaltensänderungen im privaten Bereich hinaus. Allein schon Buchtitel wie „Fast nackt" erwecken den Eindruck, die Klimawende könne nur eine Idee übergeschnappter Öko-Fuzzis sein, zu denen ein solider, ökonomisch realistischer Familienvater mit standesgemäßem Auto und Häuschen im Grünen besser Abstand halte. In solchen Büchern oder Filmen suchen die Protagonisten dann womöglich sämtliche Supermärkte ihrer Stadt nach kunststoff-, also ölfrei verpacktem Toilettenpapier ab. Dass solche ziemlich sonderbaren Aktionen letztlich negativ bewertet werden, ist fast schon verständlich, nur liegen dem Ganzen eben zwei eklatante Fehlgriffe zugrunde: *Erstens* wird von vielen der Eindruck erweckt, die Klimawende handle davon, dass allein der Einzelne bestimmte Änderungen vollziehe. Das ist zwar wichtig – letztlich kann ich allein als Konsument aber eben das Klima nicht retten; deshalb ist meine persönliche Verhaltensänderung vor allem dann sinnvoll, wenn sie Bestandteil eines politischen Prozesses ist, in welchem global der klimapolitische Rahmen neu bestimmt wird (ich werde deshalb noch ausführlich über das politisch Erforderliche reden). *Zweitens* kaprizieren sich bestimmte eigenwillige Charaktere gern darauf, ihre übermenschlichen Anstrengungen beim Erreichen absurder Verhaltensziele darzustellen, die ökologisch in keinem Verhältnis zum dabei betriebenen Aufwand stehen: Natürlich ist es absurd schwer – solange es keinen anderen globalen Klimapolitikrahmen gibt –, jede noch so kleine Erdölnutzung im privaten Rahmen zu vermeiden. Denn Öl steckt in jeder Verpackung, im Dünger von Lebensmitteln, in vielerlei Produkten. Viel wichtiger und keineswegs übermenschlich sind einige viel einfachere Dinge: der Urlaubsflug. Die tägliche Fahrt zur Arbeit mit dem Auto. Das schlecht gedämmte Haus. Fleisch als Hauptnahrungsmittel. Hier kann ich jeden Tag handeln, und mein Leben wird dabei vielleicht sogar gesünder, sportlicher, interessanter.

13. „In Europa haben wir wegen des christlichen Menschenbildes ein hohes Umweltbewusstsein. Bis zur Aufklärung war deshalb unser Verhältnis zur Umwelt intakt"

Vom gefeierten hohen europäischen Klimabewusstsein kann also weit weniger die Rede sein, als wir uns das regelmäßig vorstellen. Sofern man Klima- und Umweltbewusstsein nicht mit Wissen und Reden gleichsetzt. Es gibt vielmehr bestimmte Grundprobleme des Menschseins, nicht nur, aber gerade in wohlhabenden Gesellschaften, die uns hier regelmäßig einen Strich durch die Rechnung machen, selbst wenn wir eigentlich vielleicht durchaus gutwillig sind. Heraus kommt die gezeigte Bilanz: Unsere Pro-Kopf-Klimabilanz als Europäer und Nordamerikaner ist unverändert verheerend. Nun hat der gegebene Befund auch weiter zurückreichende historische Hintergründe. Fälle übermäßiger Inanspruchnahme der Lebensgrundlagen finden sich überall auf der Erde und in der Geschichte. Das ist der Grund für die Annahme, dass die geschilderten Probleme in wichtigen Hinsichten auf menschliche Grundeigenschaften zurückzuführen sind. Aber nicht nur. Denn die moderne Wirtschaft, Naturwissenschaft und Technik entstand „von selbst" nur im Abendland; erst von hier aus verbreitete sich ihr Geist langsam über die ganze Welt. Moderne Wirtschaft, Naturwissenschaft und Technik liefern die wesentlichen Mittel für unsere übermäßige Naturaneignung. Und diese äußeren Faktoren standen historisch in einer Wechselwirkung zu bestimmten Weltanschauungen; der „Kapitalismus" und die „Weltanschauungen" gemeinsam prägen bis heute wesentlich unsere Konformitäten, unsere Normalitätsvorstellungen, unsere Gewohnheiten, unsere Vorstellungen von Eigennutzen.

Welche ideologisch-kulturellen Prägungen sind das nun, die uns in Richtung eines achtlosen Umgangs mit dem Globalklima treiben könnten?[35] Unbeschränkte wirtschaftliche Freiheit, ein ungehindertes freies Spiel der Kräfte, Wirtschaftswachstum, wohlstands- und technikbezogener Fortschritt und eine bestimmte Wertschätzung von Arbeit (und damit auch Arbeitsplätzen) sowie das Wohlergehen des *eigenen* Volkes und der *eigenen* Industrie, das nennt man in der Philosophiegeschichte den *klassischen Liberalismus* – ebenso wie eine Anthropozentrik, die vergisst, dass die menschliche Freiheit ohne bestimmte physische Voraussetzungen nicht existieren könnte. Wobei dieser Hyperindividualismus, wie man es vielleicht eher nennen sollte, klassischerweise auf wirtschaftliche Entfaltung zielte, wogegen heute, unter postmodernen Vorzeichen, der Selbstverwirklichungsgedanke immer einflussreicher wird. Dabei hat das Freiheitsideal im Okzident die größten Selbstentfaltungsmöglichkeiten und den größten Wohlstand seit Menschengedenken gebracht. Ebenso hat das klassische Freiheitsideal durchaus das soziale Streben des frühneuzeitlichen Bürgertums und sodann der Arbeiter nach einer gleichberechtigten Anerkennung aller Menschen in einer Gesellschaft in etwa verwirklicht. Zudem gibt es eine wechselseitige Bedingtheit von Individualismus und (Wohlstand schaffendem) Kapitalismus: Der Kapitalismus kann nicht ohne eine über grundrechtliche Freiheitsgarantien hergestellte Rechtssicherheit leben. Und der Individualismus kann kaum ohne die Möglichkeit persönlicher (auch) ökonomischer Entfaltung existieren.

Die Zentrierung um Arbeit und Individualität entstammt ideengeschichtlich allerdings nicht erst dem Liberalismus, sondern eher schon dem calvinistischen Protestantismus. Christliche, voraufklärerische Ideen sind also keinesfalls per se besonders „umweltschonend". Das gilt nicht nur für liberal-philosophische Vordenker seit der frühen Neuzeit (die Protestanten waren) wie Thomas Hobbes, John Locke, Immanuel Kant, Francis Bacon, Johannes Althusius und seinerzeitige Naturwissenschaftler und Politiker. In noch stärkerem Maße gilt die calvinistische Vorprägung für die breite Bevölkerung oder wenigstens die Bildungselite in den Ländern Westeuropas und Nordamerikas, in denen sich klassisch-liberale Ideen in Philosophie, Wirtschaft und Recht zuerst durchsetzten.

Die Reformation im 16. Jahrhundert artikulierte eine Kritik an einem katholischen Autoritarismus und Traditionalismus, der als geradezu bibelfeindlich empfunden wurde. Aus der revolutionären Inspiration der frühchristlichen Zeit war eine bürokratisch verwaltete Tradition geworden, die mit amtlicher Autorität und Zwang durchgesetzt wurde. Einer Kaste von „Berufsreligiösen“ (Priester und Mönche) sprach man qua Amt eine größere Nähe zu Gott zu. Die Reformation negierte all dies; im Kern stellte sie den Menschen stärker auf sich selbst und brach mit dem mittelalterlichen Gemeinschaftsdenken. Das Priestertum aller Gläubigen wurde propagiert und der Einzelne direkt auf Gott verwiesen. Neben diesem Startpunkt für den modernen Individualismus ist auch eine ausgeprägte Fokussierung auf die Arbeit – im Sinne einer „Sichtbarmachung der göttlichen Berufung“ – für den Protestantismus charakteristisch. Dies protegierte dann auch das moderne Ideal des Wachstums, der technischen Optimierung, der Schaffung des „Paradieses auf Erden“. Wobei die Religion die wirtschaftlich-technische Entwicklung stimulierte, aber auch unter ihrem Einfluss stand – ebenso wie der soziale Emanzipationsanspruch des frühen Bürgertums in ihr wirkte. Es schöpfte sein Selbstbewusstsein aus selbst erarbeitetem ökonomischem Erfolg, in Abgrenzung zum „faulen Adel“.

Einen weiteren wichtigen Schritt auf dem Weg zu Autoritätenschwund und Pluralismus markiert die später von Hobbes übernommene calvinistische – eigentlich schon von Augustinus oder teilweise sogar von Platon herrührende – Handlungstheorie vom eigennützig-bösen, aber dadurch zugleich durchaus produktiven Menschen. Daraus wurde einerseits ein einseitig staatsabwehrendes und ansonsten wirtschaftsliberales Freiheitsideal. Andererseits entwickelte sich daraus zusammen mit dem Arbeits- und Fortschrittsideal die nicht-nachhaltige Vorstellung einer Notwendigkeit, die Welt durch technische und wirtschaftliche Mittel allererst zu einem Paradies auf Erden zu machen. Aus den protestantischen Gedanken entstand aber auch die Idee einer pluralistischen Gesellschaft, in der die Herrschaftsgewalt das Individuum in einer weiten persönlichen Sphäre in Ruhe lässt. Dies liegt teilweise am Individualismus und an der Autoritätsskepsis, ferner an der reformationsbedingten Pluralität von Konfessionen in Europa. Auch die neuzeitliche Demokratieidee, die wiederum in calvinistischen Gemeindekonzepten wurzelte, sowie der calvinistische Widerstandskampf gegen religiöse Unterdrückung in der frühen Neuzeit spielte eine Rolle. All diese Faktoren beförderten mit dem calvinistischen Streben nach Rechtssicherheit für den sich formierenden Kapitalismus sowie nach sozialer Aufwertung des entstehenden Bürgertums die moderne wirtschaftlich ausgerichtete Freiheitsidee. Einschließlich aller Folgeprobleme.

14. „Wenn der Westen glaubwürdig mit erneuerbaren Energien und Energieeffizienz vorangeht, ziehen die Entwicklungsländer beim Klimaschutz nach"

Dass sich im Klimaschutz vergleichsweise dramatisch wenig tut, ist also keinesfalls ein Rätsel – auch wenn die Zusammenhänge komplex sind und meist ausgeblendet werden. Doch energisches Handeln wäre angesagt – und zwar global. Denn der Klimawandel ist in seiner Verursachung und in seinen drohenden Folgen ein globales Problem; schon allein deshalb kann der Nationalstaat, auf den wir alle so oft starren, das Problem nicht allein bewältigen. Außerdem besteht das erwähnte Kollektivgutproblem: Es ist für einzelne Staaten unattraktiv voranzugehen, wenn sie doch allein das Klima nicht retten können. Dies gilt umso mehr, als solche Staaten durch Rettungsversuche gleichwohl Kosten hätten, also ihre Wettbewerbsfähigkeit im globalen Wettstreit um Unternehmensansiedlungen nachlassen könnte, wenn sie beispielsweise Unternehmen mit höheren Energiekosten belasten, die Unternehmen in anderen Ländern so nicht hätten.

Viele sehen trotzdem die reichen Länder des Westens – die zudem den Klimawandel großenteils verursacht haben – in der Pflicht, beim Klimaschutz vorzupreschen. Doch dabei zeigt sich ein weiteres Problem, welches ebenfalls mitursächlich für das bisherige Scheitern eines wirksamen Klimaschutzes ist und gleichzeitig eine spezielle Ausprägung des Kollektivgutproblems aufzeigt.[36] Keine Reduktionsziele für Entwicklungsländer, wie bisher nach dem Kyoto-Protokoll, drohen leider dazu zu führen, dass unser eingespartes Öl schlicht im Süden verbrannt wird. Und dass unsere energieintensiven Betriebe einfach in Entwicklungsländer verlagert werden. Die aktuelle Tendenz der globalen Klimapolitik, den Süden klimapolitisch zu verschonen, könnte damit den Klimaschutz ad absurdum führen. Dazu kommt: Das Klimaproblem drängt, und unser Zögern reizt die Ölbarone, noch rasch möglichst viele fossile Brennstoffe auf den Markt zu werfen.

Wichtiger als mehr Konsumentendruck wäre deshalb, den europäischen und globalen Freihandel durch klare und *für alle geltende* ökologische – und übrigens auch soziale – Regeln einzuhegen. Andernfalls bewirkt der unreglementierte freie Weltmarkt sozial- und klimapolitisch weiter einen Wettlauf um die niedrigsten Standards. Dass alleine handeln nicht attraktiv ist, wissen die Staaten schließlich. Weltweit zu wenig Klimaschutz, aber auch immer weniger Sozialstaat im Westen und zu wenig Armutsbekämpfung im Süden wären die wenig erbaulichen Folgen. Vielleicht der wichtigste Standard könnten weltweit gleiche, aber immer strikter begrenzte Treibhausgasemissionsrechte pro Kopf sein. Dann wäre der falsche Anreiz „Klima ist kostenlos" beseitigt. Wir werden noch sehen, wie dies allen Beteiligten nützen könnte, übrigens nicht nur klima-, sondern auch sozialpolitisch.

III. Klimaschutzkonzepte und Globalperspektiven

15. „Allein erneuerbare Energien lösen das Klimaproblem, besonders Bioenergie“

Wie aber kann die Klimawende gelingen, wenn die Klimapolitik bisher so wenig durchgreifend Erfolg hatte und zugleich die menschlichen und gesellschaftlichen Faktoren so ungünstig auf die Chance für eine echte Wende einwirken? Die Antwort ist im Kern einfach: Es geht um klare Treibhausgasbegrenzungen, weniger fossile Brennstoffe, und mehr Energieeffizienz, Suffizienz und erneuerbare Energien; und diese Wende wäre auch im Interesse der meisten Menschen, existenziell, ökonomisch – aber auch moralisch und im Sinne unseres Lebensglücks, wie wir noch sehen werden. Ganz konkret geht es hier um Strom, Wärme und Treibstoff. Und die begegnen uns nicht nur „pur“, sondern stecken in jeder Ananas, jedem Apfel, jedem Handy, jedem Produkt, das wir kaufen – und in vielen Dienstleistungen. Überall lautet die Devise: Energie effizienter einsetzen; manches ganz einsparen; und die eingesetzte Energie lieber aus erneuerbaren als aus fossilen Quellen nehmen.

Vor allem erneuerbare Energien, also Energien aus nichtfossilen Energiequellen wie Wind, Sonne, Erdwärme, Wasserkraft und Biomasse, werden seit kurzem zu einem wesentlichen europäischen und nationalen Politikthema. Das Potenzial dieser grundsätzlich treibhausgasfreien Energiequellen ist in der Tat sehr groß. Allein schon Solarenergie, wenn sie entsprechend entwickelt wird, kann die Welt, selbst bei weiter steigendem Weltenergiebedarf, theoretisch vielleicht problemlos vollständig mit Energie versorgen (dass diese Chance durch den Energieverbrauch der Solarzellenherstellung ernstlich relativiert würde, ist ein Märchen, wie sich leicht nachrechnen lässt). Zudem stehen erneuerbare Energien für eine langfristig sichere Energieversorgung, wenn die fossilen Brennstoffe zur Neige gehen. Und sie stehen langfristig für stabile Energiepreise, denn Öl und Kohle werden wegen zunehmender Knappheit immer teurer werden. Außerdem stehen erneuerbare Energien für eine friedliche Welt mit heimischer Energieversorgung ohne – gar gewaltsame – Rohstoffkonflikte. Die im Übrigen nicht nur Menschenleben, sondern auch massiv Geld kosten. Umstritten ist allein die Frage: Was kostet der massive Ausbau erneuerbarer Energien? Wäre Solarenergie ein Massenprodukt, würden die bisher sehr hohen Produktionskosten der Solarzellen und Photovoltaikanlagen drastisch sinken.[37] Es geht also um ein Übergangsproblem.

Es gibt jedoch zwei Probleme bei erneuerbaren Energien: ein grundsätzliches Problem (dazu im nächsten Kapitel) – und den problematischen aktuellen Versuch, bei den Erneuerbaren statt auf die Sonne auf die heute erst mal billigere Bioenergie zu setzen, also Pflanzen wie Mais, Kartoffeln, Schilf oder Holz – und zwar nicht nur gelegentlich anfallende organische Reststoffe aus der Land- oder Waldwirtschaft, sondern extra angebaute Pflanzen – zu Strom, Wärme und Treibstoff zu machen.[38] Im Idealfall ist Bioenergie wie andere erneuerbare Energien klimaneutral, im Falle der Bioenergie aus einem ganz einfachen Grund: Wenn ich aus Bioenergie Strom, Wärme oder Treibstoff mache, setzt sie zwar Klimagase frei, aber nur die Klimagase, die die Energiepflanzen zuvor der Luft entzogen hat. Eigentlich ist sie Kohle, Öl oder Gas damit klima- und ressourcenpolitisch überlegen. Biomasse ist überdies wie Kohle, Gas und Atomenergie – und Erdwärme – ständig verfügbar. Sie kann deshalb prinzipiell eine verlässliche Grundversorgung mit Strom oder Wärme liefern und benötigt dafür, anders als die nicht ununterbrochen verfügbare Sonnen- und Windenergie, keine ergänzende Speichertechnologie, um dauerhaft die klassischen Energieträger in jeder Hinsicht entbehrlich zu machen.[39] Wobei als „Speichertechnologie" bei Wind und Sonne auch ein stark ausgebautes Stromnetz fungieren könnte, welches die Sonnen- und Windschwankungen in verschiedenen Regionen einfach ausgleicht.

Biomasse liefert aber pro Pflanze nur relativ wenig Energie; eine ergiebigere Pflanzennutzung ist geplant, aber bisher technisch nicht hinreichend realisiert. So ergibt sich durch die oft energieaufwendige Biomasse-Produktion und -Veredlung eine Klimabilanz, die kaum besser ist als bei fossilen Brennstoffen; manchmal ist die Bilanz sogar schlechter. Denn auch Landwirtschaft, also Pflanzenanbau, ist in hohem Maße klimarelevant, etwa durch den extrem energieintensiv hergestellten und damit CO_2-relevanten Dünger.[40] Außerdem werden bei konventioneller Düngung hochgradig klimaschädliche Stickoxide freigesetzt. Besonders gilt das für Bioenergie-Treibstoff; insbesondere ist Palmöl aus Indonesien oder Malaysia ein großes Problem, wo das Palmöl häufig unter Rodung von Regenwald angebaut wird und damit weitere Treibhausgase freigesetzt werden (denn in den Tropen lässt sich Biomasse besonders kostengünstig produzieren). Aber auch ein aufwendiges maschinelles Einsammeln begrenzter Mengen im Wald verstreuter Waldholzreste – statt Bioenergiepflanzen neu anzubauen – nützt dem Klima oft wenig.

Da Biomasse, um entsprechende Mengen zu generieren, bisher in konventioneller und nicht in ökologischer Landwirtschaft erzeugt wird, hat sie zudem Anteil an deren die Gewässer schädigenden und die Böden auf Dauer massiv beeinträchtigenden Folgen für die Artenvielfalt und langfristig unbrauchbar werdende Böden sowie belastete Gewässer.[41] Die Dünger- und Pestizidbelastung ist vielleicht sogar größer als sonst, weil niemand die Pflanzen essen muss. Außerdem steht Bioenergie für besonders schädliche große Monokulturen – und sie kommt einfach zur Nahrungsmittelerzeugung hinzu, verstärkt also den Druck auf Artenvielfalt und Naturräume wie den Regenwald oder bisher extensiv bewirtschaftete Flächen. Das führt in ein Dilemma: Man kann vermutlich schlecht die ökologisch-ökonomisch äußerst wichtige Artenvielfalt global sichern wollen (deren Hauptproblem die konventionelle Landwirtschaft mit Düngern, Pestiziden und ausgeräumten Flächen ist), zugleich aber den letzten Flecken der Erde mit Bioenergie bepflanzen. Auch beschleunigt der Biomasseanbau tendenziell die Markteinführung der in Europa von der Bevölkerung weithin abgelehnten grünen Gentechnik, die sich als Mittel der Ertragssteigerung – damit man weniger Fläche für die Bioenergiepflanzen braucht – und der Pestizidreduktion vordergründig anbieten könnte.[42]

Anders als Wind- und Sonnenenergie schafft Bioenergie auch keine Unabhängigkeit vom Ausland für Europa – dafür sind die verfügbaren Flächen hier zu knapp. Allerdings könnte die verstärkte Nutzung nachwachsender Rohstoffe die Landwirtschaft stärken und insbesondere strukturschwache ländliche Räume in Europa wieder beleben. Ebenso bietet Bioenergie einigen Bevölkerungsgruppen in den Entwicklungsländern eine ökonomische Chance – allerdings wohl eher für die Mittelschicht, nicht für die Ärmsten. Hier kommt jedoch das Hauptproblem ins Spiel: dass Importe aus Entwicklungsländern eine Verschärfung der Welternährungslage bewirken dürften. Außerdem steht Bioenergie für den Norden, angebaut auf ertragreichen tropischen Böden, in Konkurrenz zur traditionellen Biomassenutzung der Länder des Südens etwa als Baumaterial. Da in diesen Ländern für einen Großteil der Bevölkerung oftmals überhaupt kein Zugang zum öffentlichen Stromnetz gegeben ist, stellt die traditionelle Biomassenutzung zumeist auch den einzigen Energierohstoff für Strom oder Heizwärme und zum Kochen dar.

Je mehr Bioenergie, desto größer werden all diese Probleme. Eine teilweise Lösung kann sicher sein, einfach wenig Bioenergie einzusetzen. Und statt Biotreibstoff lieber kombinierte Biostrom- und Biowärmekraftwerke (Kraft-Wärme-Kopplung/KWK) zu bauen – weil da mehr Energie aus weniger Pflanze gewonnen wird. Keine wirklich durchgreifende Lösung verspricht dagegen der aktuelle Versuch, nur solche Bioenergie zuzulassen, die bestimmten Kriterien genügt, also etwa nicht im Regenwald erzeugt wurde. Denn erstens ist es ein massives Vollzugsproblem, solche Kriterien weltweit von Europa aus nachzuprüfen. Zweitens gibt es Verlagerungsprobleme: Der brasilianische Bioenergieerzeuger kann auf ein solches Verbot hin einfach seine Bioenergiepflanzen auf normale Äcker stellen und dafür andere Produktionsbereiche, etwa die Futtermittel für den westlichen Fleischkonsum, umso stärker im Regenwaldgebiet anbauen. Drittens sind viele Probleme gar nicht als „Kriterien" abbildbar – wie will man etwa an der einzelnen Bioenergiepflanze festmachen, ob nun genau diese Pflanze die Welternährungslage gefährdet hat? Daher: Warum gehen wir das Klimaproblem nicht gleich von der Wurzel her an: indem wir einfach weniger Energie verbrauchen? Und indem wir ein Regelungswerk schaffen, welches alle Treibhausgasemissionen erfasst, auch die der Landwirtschaft, so dass Ausweichmanöver irgendeines brasilianischen Produzenten unmöglich gemacht werden?

16. „Neue Atomkraftwerke und CO_2-freie Kohlekraftwerke lösen das Klimaproblem"

Man kann allerdings auch noch anders fragen: Ist nicht auch ohne Bioenergie nahezu endlos Energie vorhanden, wo doch die Kohlevorräte noch bis zu 500 Jahre reichen sollen? Und was ist mit der Atomenergie? Zumal Uran und Kohle schließlich konkurrenzlos billig und damit wirtschaftlich vorteilhaft seien. Außerdem sei Uran klimafreundlich, und auch die Kohle könne dies durch eine neue Technologie werden. Man könnte, wenn man die Bioenergie kritisiert, zudem schließlich auch strengere

Ökostandards für die Rohstoffgewinnung von Öl, Kohle und Uran einführen, um diese weniger schmutzig zu machen. Dieser letztgenannte Hinweis stimmt, ebenso wie der Hinweis, dass der Fleischkonsum im Okzident durch den Methanausstoß der Tiere[43] sowie auch der Abholzung von Regenwäldern[44] für die Futtermittelproduktion (die riesige Flächen braucht – denn eine tierische Kalorie entsteht aus 4–12 pflanzlichen Kalorien) oder einfach nur deren Düngung mindestens ebenso gravierend sei wie die Bioenergie. Doch die Antwort ist: Hoher Fleischkonsum, Kohle und Öl sind und bleiben klimapolitisch Auslaufmodelle. Ihr Treibhausgasausstoß ist einfach zu hoch. Oder gibt es vielleicht doch eine energiewirtschaftliche Wunderwaffe? Sind nicht Atomkraftwerke – sie setzen wie erneuerbare Energien kaum Treibhausgase frei – oder vielleicht auch kohlendioxidfreie Kohlekraftwerke klimapolitisch eine gute Option?

Ich meine, dass es keine guten Optionen sind. Kohle, Öl, Gas und Atomenergie sind auch ohne Klimaproblem – rein klimapolitisch ist Atomenergie so positiv wie Windenergie – problematische Energieträger. Fossile Brennstoffe sind einfach endlich. Öl und Gas dürften uns schon in einigen Jahrzehnten ausgehen. Und im Vorfeld drohen Konflikte um knappe Ressourcen (so wie um Wasser in einer wärmer werdenden Welt). Wir müssen deshalb auch unabhängig vom Klimawandel neue Energieträger wie Sonne und Wind ausbauen. Dazu kommen im Falle der Atomenergie die Endlagerungsfrage sowie massive Unfallrisiken. Schlimmer noch sind die Terrorrisiken: Wollen wir Terroristen wirklich die „Option“ belassen, durch einen gezielten Flugzeugabsturz in ein AKW womöglich einen Super-GAU auszulösen und damit schlimmstenfalls wesentliche Teile Deutschlands dauerhaft unbewohnbar zu machen? Zudem ist Uran nicht KWK-fähig, denn die Abwärme der Stromerzeugung – wie bei Bioenergie – kann nur mit einer siedlungsnah erzeugten, also kleinteiligen Technologie erzeugt werden. Bei AKWs wird auch der Marktanteil gigantisch überschätzt: Nimmt man Strom, Wärme und Treibstoff zusammen, hat Uran weniger als 5 % Anteil am aktuellen weltweiten Energiemix. Und das soll die Lösung der Energiefrage der Zukunft sein? Will man die ganze Welt – einschließlich Länder wie Iran – mit AKWs zupflastern?

Uran ist nicht einmal so preisgünstig wie oft angenommen. Wenn man beispielsweise der Atomenergie, und übrigens auch der Kohleenergie, ihre sämtlichen direkten und indirekten Subventionen durch die Allgemeinheit (Nichtanlastung externer Kosten wie Wald- und Klimaschäden, unvollständige Anlastung des Unfallrisikos, Forschungssubventionen) entzöge, wären erneuerbare Energien schon heute nicht teurer als Atomstrom. Außerdem bedingen Uran und auch Kohle eine unveränderte Fokussierung auf Großkraftwerke und damit Energiegroßkonzerne. Uran hat der Kohle – dem anderen Energieträger, den die Regierungen weltweit für „weiterhin unverzichtbar" erklären – immerhin voraus, dass sie mehr oder minder klimaneutral ist. Wenn die deutschen Energiekonzerne über zwei Dutzend neue Kohlekraftwerke nachdenken, so ist das schon klimapolitisch äußerst problematisch. Und es ist auch völlig unnötig. Denn die erneuerbaren Energien in Verbindung mit einem verringerten Stromverbrauch und besseren Stromnetzen können die Grundlast stemmen.

Aber ist Kohle nicht neuerdings „klimafreundlich"? Soll bei neuen Kohlekraftwerken nicht künftig das Kohlendioxid abgeschieden und in tiefen Erdschichten endgelagert werden (*Carbon Capture and Storage*)? Dieser Traum von CCS und damit vom klimaneutralen Kohlekraftwerk ist jedoch höchst unsicher. Denn niemand weiß momentan, ob Kohlendioxid sich wirklich dauerhaft wegsperren lässt. Kommt es wieder an die Oberfläche, ist die Sache witzlos. Wie will man aber jetzt – und jetzt ist Handeln nötig – auf eine Technologie setzen, die frühestens in 15 Jahren marktfähig sein wird? Zudem ist CCS sehr teuer – warum aber soll, wie aktuell in Europa geplant, der Steuerzahler solch eine Technik subventionieren, wenn doch andere Alternativen wie erneuerbare Energien oder einfach Energieeffizienz bestehen? Zumal die Strompreise durch CCS noch weiter steigen würden, wogegen Energiesparen handfest Geld spart? Glühbirnen, Elektrogeräte, letztlich alles Produzierte (Essen, Kleidung, Unterhaltungselektronik, in allem steckt Energie), Wärmedämmung usw. können deutlich effizienter werden, häufig um einen Faktor vier oder sogar zehn. Den verbleibenden Energieverbrauch könnten Biomasse, Wasserkraft, Erdwärme, Wind- und Sonnenenergie, gespeichert ggf. in Pumpspeicherwerken und damit jederzeit verfügbar, übernehmen.

Will man gleichwohl noch einzelne Kohlekraftwerke, dann wenigstens kleine, ortsnahe, bei denen neben dem Strom auch die Abwärme genutzt werden kann (Kraft-Wärme-Kopplung). Eine solche dezentrale Energieversorgung passt auch besser zu einer innovationsfreundlichen Marktwirtschaft mit vielen kleinen Wettbewerbern. Großkraftwerke für Kohle und auch Atomenergie können dagegen nur wenige einflussreiche Großkonzerne betreiben und sichern daher deren Markt-Dominanz (die durch CCS weiter erhalten werden soll). Und ihren Demokratie schädigenden übermäßigen politischen Einfluss, den sie in Berlin und Brüssel auch weidlich nutzen: Denn wenn „zu viel“ erneuerbare Energien ins Stromnetz kommen oder „zu viel“ Energie gespart wird, wird das Betreiben von Atom- und Kohlekraftwerken unwirtschaftlich. Erneuerbare Energien machen auch unabhängiger vom Ausland. Auch für den Arbeitsmarkt und damit den „Standort“ bringen erneuerbare Energien mehr als Kohle und Uran. Und Energieeffizienz spart für den einzelnen gar Geld – denn teure, aber sparsame technische Geräte oder die Wärmedämmung von Häusern rechnen sich nach einiger Zeit.

Dass große Schritte hin zu Effizienz, Suffizienz und erneuerbaren Energien uns nicht etwa in vormoderne Lebensformen zurückzwingen, wird manchmal bestritten, ist aber eigentlich bekannt – das Problem ist nur wie gesagt: Niemand will den Wandel, und insbesondere will niemand Suffizienz. Doch wir werden uns „wandeln“ müssen, ob wir nun wollen oder nicht. Zwei Argumente immerhin gibt es dafür, dass in diesem Wandel auch CCS eine zusätzliche Option sein könnte: Man könnte damit die großen Kohleländer weltweit – wie Russland, Australien, Indien – leichter für den globalen Klimaschutz gewinnen. Denn wenn es dank CCS weiter Kohlekraftwerke geben könnte, verlieren solche Länder nicht ihre Exporteinnahmen. Und: CCS ist auch mit Bioenergiekraftwerken und nicht nur mit Kohlekraftwerken kombinierbar. Werden die Bioenergiepflanzen effizient hergestellt und in KWK-Kraftwerken mit CCS verwertet, ergeben sich sogar negative Emissionen. Das Ganze würde also der Luft Treibhausgase entziehen, statt welche an die Luft abzugeben. Denn Pflanzen würden dann der Luft Kohlendioxid entziehen; und dieses könnte unter der Erde gespeichert statt im Kraftwerk wieder an die Luft abgegeben werden. Solche negativen Emissionen im Strom- und Wärmebereich könnten auf Dauer nötig werden für eine Null-Emissions-Wirtschaft, wie sie die naturwissenschaftlichen Klimaforschungsergebnisse nahe legen. Denn damit könnte man gewisse unvermeidlich verbleibende menschliche Emissionen – durch Landwirtschaft etwa entstehen immer gewisse Emissionen – ausgleichen und trotzdem insgesamt zu einer Null-Emissions-Gesellschaft kommen. Vielleicht sollte man CCS deshalb weiter erforschen. Von vornherein fest darauf setzen sollte man jedoch kaum.

CCS und auch erneuerbare Energien jedweder Art bringen ein weiteres Problem mit sich. Speziell erneuerbare Energien kommen zur Gesamtenergiemenge zunächst einmal einfach hinzu. Sie verhindern als solche also nicht, dass fossile Brennstoffe dann einfach zusätzlich weiter genutzt werden. Schaffe ich einfach erneuerbare Energiequellen, schaffe ich damit, kurz gesagt, also einfach ein größeres Energieangebot, und wir können uns alle noch mehr Elektrogeräte usw. leisten. Weil dann keine fossilen Brennstoffe verdrängt würden, wäre der klimapolitische Gewinn einer solchen Strategie recht begrenzt. Gut, man hätte eine neue Technologie gefördert; das ist sehr wichtig. Aber das allein ist nicht ausreichend. Das Gleiche gilt allerdings auch für Energieeffizienzanstrengungen: Wenn mein Auto zwar effizienter läuft, ich dafür aber ein größeres Auto habe, ist klimapolitisch wenig gewonnen. Wer das verhindern will, muss dafür sorgen, dass wirklich weniger fossile Brennstoffe eingesetzt werden. Nötig sind also schlicht und einfach – strikte Reduktionsziele für Treibhausgase. Ein einseitiges Vertrauen auf neue Technologien würde dagegen nicht zum Erfolg führen.

17. „Nur Markt und Wettbewerb können das Klimaproblem lösen – der Klimaschutz ist eine riesige ökonomische Wachstumschance"

Doch warum überhaupt über Strategien für die Klimawende nachdenken? Löst der freie Markt in Europa und der Welt das Klimaproblem nicht von allein, wenn Klimaschutz doch sogar ökonomische Vorteile verspricht? Nein. Der Markt allein reicht nicht; denn die größten ökonomischen Vorteile treten langfristig für uns alle gemeinsam auf. Diese langfristige Vorteilhaftigkeit motiviert jetzt und heute aber wegen des Kollektivgutproblems niemanden zum Handeln. Es sei denn, ökonomische Vorteile treten kurzfristig ein, wie bei der Wärmedämmung. Die Welt braucht aber mehr Klimaschutz als nur den, der sich kurzfristig rechnet – und wir brauchen einen Klimaschutz, der über das Wachstumsparadigma gerade hinausweist. Dafür muss das Klima das bekommen, was es am Markt bisher nicht hat: einen Preis, der seine „Knappheit" ausdrückt.[45]

Das klingt zunächst „teuer", erspart aber eben die langfristigen Klimawandelskosten und die sonstigen drastischen Probleme eines Klimawandels existenzieller und militärischer Art – und es erspart dauerhaft steigende Energiepreise durch knapper werdende fossile Brennstoffe. Preise für fossile Brennstoffe lenken uns zu erneuerbaren Energien, Energieeffizienz und Suffizienz hin. Allerdings nützt es wie gesagt nichts, auf diese neuen Dinge „zusätzlich“ zu Kohle und Öl zu setzen. Kohle und Öl müssen vielmehr ersetzt werden. Das geht nur, wenn der Preis mit klaren – und zwar globalen – Treibhausgasreduktionszielen verbunden wird. Und diese, wie auch das Preissignal, sind nicht durch gutes Zureden bei uns allen ersetzbar. Aufgrund der angestellten Analyse zu den Ursachen des Klimaproblems zeigt sich vielmehr: Wir brauchen klare, sanktionierte – und sei es über Preise abgebildete – Spielregeln, da unsere freiwillige Klimaschutzmotivation arg begrenzt wäre. Dass wir die Politiker, die derartiges festlegen, abwählen würden, ist allerdings eine reale Gefahr angesichts der angestellten psychologischen Analyse. Insoweit ist ökonomische und (dazu später) moralische Einsicht gefragt. Es geht durchaus auch um Geschäfte, etwa mit erneuerbaren Energien, mit guter Wärmedämmung, mit energiesparenden Produkten. Nichts ist per se schlecht an guten Geschäften; wir brauchen aber Rahmenbedingungen, die dazu führen, dass möglichst solche Geschäfte gemacht werden, die anderen nützen – anstatt anderen massiv zu schaden. Der EU-Emissionshandel zwischen Unternehmen ist ein solcher Versuch, für einige Industriezweige dem Klima einen Preis zu geben. Aber der Preis ist zu niedrig, und der Ansatz wird nur in einigen Bereichen angewandt. Es stellt sich daher die Frage nach besseren Ansätzen.

18. „Klimaschutz braucht Verbote, etwa für reiche Verschwender und für Glühbirnen – und einfach mehr Energieeffizienztechnik"

Doch wie steht es mit einer vielfach populären und vermeintlich einfacheren Lösung, einem „Klimaschutz durch umfassende Verbote"? Warum verbieten wir nicht einfach Spritschleudern wie Geländewagen und schützen damit das Klima? Ich höre diese Forderung immer wieder auf meinen Vortragsveranstaltungen. Die EU verhängt beispielsweise gerade ein Verbot konventioneller Glühbirnen, da diese im Vergleich zu Sparbirnen sehr ineffizient sind. Langfristig mag ein Glühbirnenverbot einen Klimaschutzbeitrag leisten, weil Effizienzwirtschaft und gesellschaftlicher Wandel dadurch angeschoben werden. Dass das Glühbirnenverbot kurz- bis mittelfristig Treibhausgase einspart, ist jedoch sehr zweifelhaft: Der erwähnte EU-Emissionshandel zwischen Unternehmen gibt für die Stromwirtschaft nämlich eine jährlich zulässige Menge von Treibhausgasen vor und erlaubt den Unternehmen dann das Handeln mit diesen Mengen. Fällt jetzt durch Energiesparbirnen etwas konventioneller Strom weg, dann werden die dafür bisher von den Energieversorgungsunternehmen benötigten Emissionsberechtigungen einfach frei und an andere Emittenten verkauft. Die Gesamttreibhausgasmenge bleibt damit aber eben gleich und wird nicht reduziert.

Diese Schwierigkeit ist ein spezieller Anwendungsfall des Kollektivgutproblems, bei dem der Süden das im Norden eingesparte Öl zu verbrennen droht. Das Problem tritt übrigens auch bei einer Reihe anderer Klimaschutzmaßnahmen auf. Energieeffizienz für sich genommen ist beispielsweise noch keine Klimaschutzmaßnahme. Wenn ich mir einen effizienteren Kühlschrank zusätzlich zu meinem alten Kühlschrank kaufe, habe ich insgesamt gerade nicht weniger Treibhausgase ausgestoßen. Das ist offensichtlich, und doch missachtet die Klimapolitik das häufig: Sie fördert Energieeffizienz, stellt damit – mangels wirksamer Treibhausgasreduktionsziele – aber teilweise einfach nur mehr Energie bereit. Für die Ressourcenschonung und das Klima ist das ein halbherziger Schritt.

Klimapolitik ist also nicht einfach „Technik plus Geländewagenverbote". Zudem, auch wenn es unpopulär klingt: Vereinzelte Reiche (der sprichwörtliche Dieter Bohlen) sind sowohl für die Generierung sozialstaatlicher Verteilungsmasse als auch für die Gesamtmasse der Treibhausgasreduktionen nicht die in *erster* Linie interessierende Größe. Sondern wir alle.

19. „Ein neuer globaler Vertrag im Stil des Kyoto-Protokolls im Konsens und mit gestaffelten, moderaten Reduktionszielen bis 2020 oder 2030 ist das Beste fürs Klima"

Was ist also zu tun? Die Wundertechnik gegen den Klimawandel gibt es nicht, wie wir sahen. Vieles, wie erneuerbare Energien und Energieeffizienz, kann helfen. Die Hauptmaßnahme ist jedoch: drastische globale Treibhausgasreduktionsziele – und damit eine Verringerung des fossilen Brennstoffverbrauchs. Das Ziel ist klar: allein schon aus ökonomischen, existenziellen und friedenspolitischen Gründen den Pfad hin zur Null-Emissions-Gesellschaft beschreiten; 2 Grad globale Erwärmung bis 2050 sind bereits nur noch mit massivsten Maßnahmen zu erreichen, und selbst diese Erwärmung könnte bereits drastische Schäden mit sich bringen.

In den Tagen, in denen ich diese Zeilen schreibe, wird über die Fortschreibung des 2012 auslaufenden Kyoto-Protokolls zum globalen Klimaschutz verhandelt, die dann Ende 2009 in Kopenhagen beschlossen werden soll. Doch ist „Fortschreibung" eigentlich ein nicht wirklich passendes Wort. Kyoto war kein echter Anfang, sondern eher eine Mischung aus Nullrunde und vagen Hoffnungen auf die Zukunft. Die Industrieländer stagnieren folgerichtig im Klimaschutz, und die Schwellenländer wie China oder Indien unterliegen erst gar keinen Verpflichtungen. Weltweit sind die Klimagasemissionen seit 1990 um rund 40 % gestiegen.

Kopenhagen – und selbst wenn Ende 2009 kein Kopenhagen-Protokoll kommt, dann eben andere in nächster Zeit verabschiedete Abkommen – droht Kyoto trotzdem treu zu bleiben. Erinnern wir uns: zu lasche Ziele für Industrieländer und gar keine Ziele für Entwicklungsländer; zweifelhafte oder gar keine Sanktionen im Falle der Zielverfehlung; zu viele Schlupflöcher; zu wenig Geld gegen die globale Armut, die durch den Klimawandel noch verschlimmert wird; obskure Fonds statt klare Finanzhilfeansprüche der Entwicklungsländer. Insbesondere wird es wohl nicht zu einer (oder gar einer strengen) globalen Treibhausgasbegrenzung für alle Länder kommen.[46] Es wird zwar möglicherweise ein übergreifendes Globalziel für die Treibgasemissionen bis 2050 geben, dieses wird aber eher bei 50 % Reduktion liegen oder bei 2 Tonnen

CO_2 pro Mensch weltweit. Beides ist, wie gesehen, immer noch relativ weit entfernt von dem, was die (bereits zurückhaltende) Klimaforschung dringend nahe legt: eher etwa 0,5 Tonnen CO_2. Zudem wird der Grad der Verbindlichkeit, Konkretheit und Sanktionierung des etwaigen 2050er-Ziels in einem Kopenhagen-Protokoll voraussichtlich weiterhin skeptisch zu beurteilen sein. Für die Entwicklungsländer wird allenfalls ein sehr vages Ziel festgelegt werden wie: eine gewisse Reduktion unter den ansonsten erwartbaren Treibhausgas-Wachstumspfad.

Kleine Veränderungen würden an alledem wenig ändern. Eine denkbare kleine Veränderung wäre es etwa, wenn man den klimapolitisch verheerenden CDM – also die oben erwähnten, oft nur schein-sinnvollen Klimaschutzmaßnahmen in Entwicklungsländern auf Rechnung der Industrieländer – etwas besser konzipiert und kontrolliert. Dabei wäre wie erwähnt eine große, einschneidende globale Regelung aufgrund des Globalitätscharakters des Klimaproblems und aufgrund des Kollektivgutproblems nötig. Und der bisherige globale (und europäische) klimapolitische Pfad wird den dringenden gravierenden Handlungserfordernissen bekanntlich nicht ansatzweise gerecht. Außerdem erzeugt das bisherige System massiven bürokratischen Aufwand, allein schon, weil es häufig spezielle Regelungen und Ausnahmen für unterschiedliche Fragenkreise und unterschiedliche Sachbereiche gibt.

Wie könnte also ein anderes globales Klimaschutzkonzept aussehen? Ich versuche im Folgenden eines anzubieten. Natürlich höre ich die Einwände: Jeder Versuch einer echten Klimawende könne nur scheitern. Aufgrund des völkerrechtlichen Konsensprinzips werde alles, was über einen minimalistischen Klimaschutz hinausgeht, niemals real beschlossen werden. Was könne man schon von den USA, China oder den arabischen Öl-Staaten erwarten? Man solle sich deshalb auf kleine Weiterentwicklungen des Kyoto-Protokolls konzentrieren, also beispielsweise geringfügig gesteigerte Reduktionspflichten für Industriestaaten und eine eher vage Einbeziehung der Schwellenländer durch Technologietransfer in diese Länder; und nur das werde auch in Kopenhagen Ende 2009 und in der Zeit danach herauskommen.

Vielleicht kommt wirklich nur das heraus. Die Erklärung für diese Art von kollektivem Versagen haben wir oben ja zu geben versucht. Nur wäre das dann eine katastrophale Niederlage für den Klimaschutz, genauer gesagt: für die gesamte Menschheit. Und das sollte dann auch so bezeichnet und nicht beschönigt werden. Da eine echte Klimawende ganz eigennützig-ökonomisch – aber auch moralisch und für unser Lebensglück, wie wir noch sehen werden – dringend nahe liegend ist, wird die Debatte nach Kopenhagen so oder so weitergehen. Zumal sich die Weltgemeinschaft in der Klimarahmenkonvention 1992 ausdrücklich auf die Abwendung „gefährlicher anthropogener Veränderungen" des Weltklimas geeinigt hat. Außerdem sieht das Kyoto-Protokoll ausdrücklich vor, regelmäßig angemessene Weiterentwicklungen des globalen Klimaschutzes zu prüfen. Also ist die Frage nach Konzepten nötig und sinnvoll, auch über Kopenhagen hinaus. Wie wir sehen werden, wahrt das Ganze auch die Grundprinzipien des Kyoto-Protokolls: gemeinsame Verantwortung; dabei größere Verantwortung der Industrieländer; klare Reduktionsziele; Emissionshandel. Es geht also um einen real denkbaren Ansatz, nicht um eine vage Illusion.

20. „Es gibt keine Alternativen zu einem sehr moderaten Kopenhagen-Protokoll als Nachfolger für das Kyoto-Protokoll"

Nehmen wir einmal an, dass jeder Mensch ein gleiches Recht auf Nutzung der Atmosphäre und gleichen Zugang zu Energie hat; wobei „gleiches Recht" wegen der Grenzen von Klimastabilität und Ressourcenverfügbarkeit impliziert, dass diese Gleichheit auf quantitativ eher niedrigem Niveau stattfindet. Zudem soll weltweit niemand arm sein. Ich werde dieses elementare Gerechtigkeitsprinzip später näher begründen – doch erscheint es bereits ohne Begründung als überaus einleuchtend. Sollen die Afrikaner unseretwegen hungern, weil wir vom begrenzten „Kuchen" mehr abbekommen wollen als sie? Ausgehend von dem Prinzip „one human, one emission right" kann man ein Konzept entwickeln für eine echte globale Klimawende. Seine Grundideen – nicht allerdings seine Konkretisierung, seine oben erfolgte psychologische Einbettung und seine später folgende moralische Begründung – werden nicht etwa nur von mir, sondern von einer Reihe von Kritikern der globalen Klimapolitik vertreten.[47] Die notwendigen Aspekte und Schritte wären – in Kürze, aber nicht als bloße vage Sonntagsrede formuliert – meiner Meinung nach die folgenden.

1. Um einen katastrophalen Klimawandel zu verhindern, müssen die Klimagasausstöße global strikt begrenzt

und dann auf alle Staaten anhand ihrer Bevölkerungszahl aufgeteilt werden. Jeder Mensch zählt dabei gleich viel.

2. Das Pro-Kopf-Ziel für das Jahr 2050 müsste bei wahrscheinlich deutlich weniger als einer Tonne Kohlendioxidäquivalenten pro Person und Jahr liegen – also leicht über dem aktuellen Treibhausgasausstoß einiger Entwicklungsländer, aber weit unterhalb des bisherigen westlichen Pro-Kopf-Ausstoßes. 0,5 Tonnen mal Einwohnerzahl – das wäre 2050 also der zulässige Ausstoß in einem Staat.

3. Wenn dann etwa westliche Länder mehr Treibhausgase ausstoßen wollten, müssten die westlichen Staaten südlichen Ländern Emissionsrechte, die diese durch den insgesamt geringen Treibhausgasausstoß ihrer Bürger nicht benötigen, abkaufen. Diesen Staaten-Emissionshandel gibt es schon heute, aber ohne strenge Reduktionsziele. Und mangels Reduktionszielen für den Süden völlig ohne Beteiligung südlicher Länder.

4. So würde neben dem Klimaschutz auch das zweite globale Megaproblem angegangen, das dringend gelöst werden muss. Ich meine nicht die Finanzkrise – sondern die globale Armut.

5. Man würde nicht gleich bei 0,5 Tonnen Ausstoß pro Kopf weltweit anfangen; man kann sich diesem Wert in mehreren Schritten annähern, die zugleich verbindliche Zwischenschritte markieren, allerdings nicht erst bis 2050. Dies und die Festlegung von Höchst- und Mindestpreisen für die Emissionsrechte sichert die wirtschaftlich-technische Machbarkeit. Die Menge der jährlich an die Staaten pro Kopf ausgegebenen Emissionsrechte würde in jährlichen oder auch in mehrjährigen Abständen kontinuierlich sinken.

6. Die Entwicklungsländer sollten eine Zeit lang bei den Treibhausgasreduktionsverpflichtungen begünstigt werden, weil die westlichen Länder (wegen der Langlebigkeit von Klimagasen) bis auf Weiteres den größten Anteil am Klimawandel haben. Das liefe so, dass sie übergangsweise Extraemissionsrechte zugeteilt bekämen, für die die westlichen Länder dann aber entsprechend stärkere Reduktionsverpflichtungen akzeptieren müssten. So stärkt man den ohnehin vorhandenen Effekt: Der Süden nutzt einen Teil seiner Rechte für seine Entwicklung und einen Teil für Verkaufseinnahmen und muss trotzdem langfristig auch bei 0,5 Tonnen pro Kopf ankommen. Das ist besser als vage Finanzfonds und vage Ziele wie „2 Grad bis 2050".

7. Eine globale Institution – voraussichtlich das bereits bestehende UN-Klimasekretariat in Bonn – müsste das Recht erhalten, die Emissionsreduktionen zu überwachen und notfalls mit einschneidenden Sanktionen durchzusetzen.

8. Die nach dem Staaten-Emissionshandel in einem Staat oder einem Kontinentalzusammenschluss wie der EU vorhandene, jährlich sinkende Menge an Emissionsrechten müsste dann mittels eines umfassenden innereuropäischen Emissionshandels unter den Kohle-, Gas- und Öl-Unternehmen durch eine Auktion weiterverteilt werden. Jeder Importeur oder Verkäufer von fossilen Brennstoffen dürfte also die sich aus diesen Brennstoffen ergebenden Treibhausgasausstöße bei uns allen nur noch ermöglichen, wenn er Emissionsrechte besitzt. Und indem man an diese Primärenergieunternehmen anknüpft, wären nahezu alle Arten von Treibhausgasausstößen, die Menschen verursachen, erfolgreich begrenzt; auch jede

Art von Produktion etwa wäre über die Einbeziehung des Stroms erfasst. All dies müsste global in den Grundstrukturen vorgegeben und überwacht werden, zumal viele Staaten keine Demokratien sind. Auch einen solchen EU-Emissionshandel gibt es bisher schon; aber nur für einzelne Sektoren, ohne anspruchsvolle jährliche Reduktionsziele und ohne volle Versteigerung der Zertifikate.

9. Die Primärenergieunternehmen würden die Emissionsrechte beim Staat bzw. bei der EU ersteigern müssen und diese Kosten gleichmäßig über Produkte, Strom, Wärme und Treibstoff an die Endverbraucher weitergeben; umgekehrt würde die EU, bzw. der Staat, die Versteigerungs-Einnahmen pro Kopf an alle Bürger verteilen (Ökobonus).

10. Auch die ebenfalls klimarelevanten Sektoren Landwirtschaft und grenzüberschreitender Luft- und Schiffsverkehr müssten einbezogen werden, ebenso wie die Entwaldung, etwa im Regenwald (wir kommen darauf zurück). Auch ansonsten sollten alle wichtigen Treibhausgase, umgerechnet in CO_2-Äquivalente, einbezogen werden.

Ein solches Konzept wäre ein Bruch mit dem Kyoto-Protokoll und der mäßig wirksamen bisherigen Klimapolitik (wie dem begrenzten EU-Emissionshandel) und brächte eine echte Klimawende. Denn der Treibhausgasausstoß wird strikt begrenzt – und das, was an fossilen Brennstoffen (jährlich schrumpfend) weiterhin genutzt werden darf, wird immer teurer. Dieses Preissignal wird von den Primärenergieunternehmen über die Strom-, Treibstoff- und Wärmepreise, die durch die Kaufpreise für Emissionsrechte durch die Unternehmen ja angehoben werden würden, und daran anknüpfend über jede Art von (ja immer energieabhängig hergestellten) Produkten an alle Unternehmen und Verbraucher weitergegeben. Überall würden die Preise plötzlich die ökologische Wahrheit sagen: beim Fleischkonsum, bei der Urlaubsreise, bei den vielen kleinen Drogerieartikeln, der High-Tech-Küche, den schönen T-Shirts, dem Heizpilz. Genau das würde weltweit und gesamtgesellschaftlich den nötigen Wandel auslösen.

Ausweich- und Verlagerungseffekte in andere Länder gäbe es keine mehr, denn es wäre im Wesentlichen jegliche Art von Emissionen erfasst. Den Herstellern von Bioenergie würde es also nichts mehr nützen, statt Bioenergie nunmehr Futtermittel im Regenwald anzubauen, um Bioenergie-Anbauverbote im Regenwald zu umgehen; denn die Landnutzung wäre eben Bestandteil des Systems, das heißt: Auch die Landnutzung wäre nur noch mit Emissionsrechten zulässig, und auch für die Landnutzung würde die Menge an Emissionsrechten schrittweise abnehmen. Da dieses System alle Länder weltweit einbezieht, würde also niemand dazu animiert, auf der Südhalbkugel den westlichen Lebensstil zu imitieren und das im Westen eingesparte Öl dort zu verbrennen. So fördert man nicht nur Energieeffizienz, erneuerbare Energien und eine langfristig sichere Energieversorgung in Nord und Süd, sondern stellt auch sicher, dass im Süden von vornherein ein nachhaltigerer Entwicklungspfad beschritten wird als im Norden im 20. Jahrhundert. Denn fossile Energie wird immer teurer, indem die Auktionskosten der Staaten und der Unternehmen über die Energiepreise auf die Endverbraucher umgelegt werden (und Energie steckt überall drin). Zugleich wäre der jährliche Ausstoß an

Treibhausgasen damit strikt begrenzt und würde immer weiter sinken.

Westliche Länder würden nur teilweise Emissionsrechte kaufen; sie würden durch die sinkende Gesamtmenge an Emissionsrechten nach und nach stärker auf Energieeffizienz, Suffizienz und erneuerbare Energien setzen. Nach und nach, parallel zu ihrer Wirtschaftsentwicklung und parallel zu den jährlich sinkenden Treibhausgaszertifikatmengen, täten das auch die Entwicklungsländer. So würde auch der drohende globale Wettstreit beendet und dem Problem entgegengewirkt, dass aus Angst vor wirtschaftlichen Nachteilen niemand einen Schritt voran macht in der Klimapolitik. Dafür zahlen die Industrieländer letztlich über die Zertifikatkäufe. Sie haben damit aber auch den Vorteil, dass es mittelfristig kein Klima- und auch kein Sozialdumping zu ihren Lasten mehr geben wird. Denn der Finanztransfer in den Süden würde dort Wirtschaftsentwicklung und Armutsbekämpfung stimulieren (und zwar in klimafreundlicher Weise). Damit würden Löhne, Arbeitsbedingungen und Sozialversicherungssysteme im Süden angeschoben, und es würde der seit längerem spürbare Kostensenkungsdruck vom westlichen Sozialstaat genommen.

Armutsbekämpfung im Süden und Sicherung des Sozialstaates im Norden sind allein schon ökonomisch vorteilhaft; erst recht ökonomisch vorteilhaft ist es bekanntlich, die drastischen Kosten des Klimawandels zu vermeiden. Und auch kurzfristig sind mehr Energieeffizienz und erneuerbare Energien bekanntlich ökonomisch oft günstig: Man fördert neue Technologien, fördert neue Wirtschaftszweige und macht Volkswirtschaften von Energieimporten und damit von drastisch steigenden Öl- und Gaspreisen unabhängig. Der Emissionshandel führt ferner dazu, dass Klimaschutz dort betrieben wird, wo er am kostengünstigsten ist; alle Emissionen wären erfasst (einschließlich der Probleme des westlichen Fleischkonsums oder der Bioenergie). Dass genau die Gleichverteilung zwischen Industrie- und Entwicklungsländern und die Berücksichtigung einer Art „historischer Schuld“ des Nordens auch gerecht wären, wird uns später näher beschäftigen.

Der vorgeschlagene neue Staaten- und Unternehmens-Emissionshandel gäbe dem Klima im umfassenden Sinne einen Preis. Er würde die Knappheit fossiler Brennstoffe und ihre Klimaschädlichkeit für alle Lebensbereiche ausdrücken, da über die fossilen Brennstoffe im Wesentlichen alle (zu Ausnahmen später) Treibhausgasemissionen abgedeckt würden. Einige gängige klimapolitische Instrumente wie Stromsteuer und Mineralölsteuer, Kfz-Steuer, Steuerbefreiungen, aber auch etwa die Rentenzuschüsse aus der Ökosteuer, könnten deshalb im Gegenzug zu einem solchen erweiterten Emissionshandel abgeschafft werden. Das Gleiche gilt für ein bürokratisches, klimapolitisch eher kontraproduktives Instrument wie den CDM, der durch eine gleichberechtigte und zugleich finanziell kompensierte Beteiligung der Entwicklungsländer am globalen Klimaschutz ersetzt würde. Ganz generell schafft das Globalmodell Planungssicherheit und erspart ein endloses Feilschen um diverse Ausnahmen, die den Staaten- und Unternehmens-Emissionshandel heute kennzeichnen.

Das ganze System nützt wegen des Ökobonus nicht nur den Entwicklungsländern abstrakt, sondern ganz konkret den Menschen dort. Denn es werden nicht nur Mini-Beträge zugunsten einiger Privilegierter mobilisiert wie bei CDM-Projekten, von denen eher die Reichen im Süden als Unternehmer profitieren. Ebenso kann man auf die in der Entwicklungspolitik beliebten „Fonds" verzichten, die wohl auch in Kopenhagen beschlossen werden und den Entwicklungsländern helfen sollen, eine klimafreundliche Entwicklung anzuschieben und klimawandelbedingte Schäden zu kompensieren. Doch die Probleme sind meist die gleichen: Die Fonds enthalten nur minimale Geldmengen; ursprüngliche Mittelzusagen der Geldgeber werden später gebrochen; und die Gelder kommen vor allem einigen Wohlhabenden und Korruptionsbeteiligten im Süden zugute. Der Geldfluss und damit auch die Technologieentwicklung im Süden sind im Rahmen eines umfassenden Modells wesentlich besser garantiert.

Neben „darüber wird es nie einen Konsens geben" ist der große Einwand gegen eine solche echte Klimawende natürlich: „Das ist praktisch alles gar nicht organisierbar". Ich meine: Doch, ist es – vorausgesetzt, das bereits jetzt existierende UN-Klimasekretariat wird stärker zu einer schlagkräftigen Weltklimabehörde mit real praktikablen Überwachungs- und Sanktionsbefugnissen weiterentwickelt, ähnlich mächtig wie heute etwa die Organe der WTO, der Welthandelsorganisation, die Staaten auch gegen ihren Willen verpflichten und mit Sanktionen belegen können. Natürlich wären noch einige ergänzende Regeln notwendig. Etwa die, dass man neben Höchst- und ggf. Mindestpreisen für den globalen Zertifikathandel eventuell der globalen Behörde (sie wäre sozusagen eine Art „Weltzertifikatbank") ein Recht zu Interventionskäufen geben müsste, um Spekulationsgeschäfte notfalls einhegen zu können. Dass finanzrelevante Märkte Regularien haben müssen, ist zumindest seit der Finanzkrise ja kein Geheimnis mehr.[48]

Der letzte große Einwand wäre wohl, dass die ökonomischen Folgen eines solchen globalen Klimaschutzkonzepts unüberschaubar wären. Nun: Weil in der Tat die genauen ökonomischen Folgen großer Schritte selbst vom besten Klimaökonomen nicht exakt zu prognostizieren sind, sollte man mit vergleichsweise moderaten Reduktionszielen beginnen, die dann allerdings jährlich sinken. Man könnte beispielsweise mit 5 Tonnen CO_2-Äquivalenten pro Erdbewohner beginnen. Dennoch mit allem Nachdruck: Existenziell und friedenspolitisch haben wir keine Alternative zur Klimawende. Und: Das Ganze ist ökonomisch mehrfach sorgfältig durchgerechnet worden und funktionstüchtig.[49] Die Kosten eines Klimawandels oder gar von Klimakriegen würden die Verteilungswirkungen eines globalen Klimaschutzkonzepts dagegen bei weitem in den Schatten stellen. Und dass moralisch eine Gleichverteilung von Emissionsrechten kein Luxus ist, den wir uns auch schenken können, wird noch näher zu zeigen sein. Zumal wir definitiv Emissionen einsparen können – Verzicht auf manches im Leben ist schlimmstenfalls unangenehm, niemals aber „ökonomisch-technisch unmöglich".

Stellschrauben bieten zudem die Zertifikathöchst- und Mindestpreise sowie die Anzahl der Extraemissionsrechte über die Pro-Kopf-Verteilung hinaus, für die die Industrieländer entsprechend weniger Rechte zugeteilt bekämen: hier könnte und sollte man drehen, wenn man bestimmte Verteilungs-Vorstellungen zwischen Industrie- und Entwicklungsländern vertreten möchte. Dadurch ist das Konzept letztlich ausreichend flexibel für internationale Kompromisse zwischen Nord und Süd und bietet zugleich grundlegende Vorteile: es ist relativ unbürokratisch, es schafft verbindliche Klimagasreduktionen, es hat ökonomisch und sozialpolitisch verträgliche und sogar äußerst wünschenswerte Folgen, die Entwicklungsländer sind keine Bittsteller mehr.

Man könnte die Zertifikate im Unternehmens-Emissionshandel theoretisch auch kostenlos ausgeben, anstatt sie an die Unternehmen zu versteigern. Dann wäre aber der ökologische und soziale Effekt etwas weniger ausgeprägt. Denn der Preisdruck auf einen nicht-nachhaltigen Lebensstil würde nachlassen, und die soziale Ausgleichsmasse würde schrumpfen. Auch dann würden freilich die Preise für fossile Brennstoffe steigen. Denn es bliebe ja bei der Begrenzung der Treibhausgasausstöße, womit die Nutzung von Öl, Gas und Kohle knapper und ergo teurer werden würde. Theoretisch könnte man die Ökobonus-Gelder auch mit einer ökologischen Zweckbindung versehen, damit das Geld in sparsame Kühlschränke statt in Thailand-Urlaubsflüge fließt.[50] Wenn man wirklich einschneidende Reduktionsziele hat, erscheint mir das allerdings fast überflüssig, da auch so ein hinreichender Anreiz zum Wandel gesetzt wird – und die Zweckbindung brächte massiven bürokratischen Aufwand.

21. „Jeder Emissionshandel ist witzlos und ein bloßer Ablasshandel mit dem Klima“

Einige Leute[51] denken jedoch, Emissionshandel sei per se witzlos und ein bloßer Ablasshandel mit dem Klima. Mit Ablasshandel – wenn das Wort irgendeinen Sinn haben soll – ist hier wohl gemeint, dass das Ganze für den Klimaschutz gar nichts bringt.[52] Das stimmt jedoch nur für den bisherigen Industriestaaten-Emissionshandel und den europäischen Unternehmens-Emissionshandel. Es geht mir hier jedoch um ganz andere Ausrichtungen: um einen Emissionshandel anknüpfend an die Primärenergieerzeugung und nicht länger nur an einzelne Branchen, der dann den größten Teil zumindest der Kohlendioxidemissionen erfassen würde. Außerdem gäbe es jetzt anders als bisher eine hundertprozentige jährliche Emissionsrechteversteigerung, wobei die Ersteigerer diese Kosten an den Endverbraucher weiterreichen. Und es gäbe im Gegenzug aus den Versteigerungserlösen den Ökobonus. Vor allem aber gäbe es anders als bisher anspruchsvolle Ziele; damit würde das Instrument dann erstmals das leisten, was es verspricht: das Klima wirksam schützen. Andere Instrumente könnten im Gegenzug entfallen, etwa die Stromsteuer, bestimmte ordnungsrechtliche Pflichten zur Energieeffizienz, Subventionsprogramme.

Die gängige Kritik am EU-Emissionshandel – insgesamt viel klimapolitische Bürokratie für wenig ökologischen Effekt – wäre damit im Grundsatz hinfällig. Die EU hat die entsprechenden Weiterentwicklungsnotwendigkeiten zuletzt auch teilweise begriffen. Sie will ihren Unternehmens-Emissionshandel ab 2013 nachbessern. Wesentliche Grundprobleme bleiben jedoch erhalten: keine volle Auktionierung, zu geringe Reduktionsraten, keine umfassende Einbeziehung aller Treibhausgasemissionsquellen, keine Einbeziehung aller Treibhausgasarten (es geht weiterhin im Fokus um Kohlendioxid), Übergehen der sozialen Verteilungsfrage. Das für diese nur vorsichtige Reform vorgebrachte Argument ist die „Pfadabhängigkeit“: Es soll verhindert werden, dass die bisherigen erheblichen Investitionen in das System Emissionshandel durch eine starke Systemänderung entwertet werden. Dieses Argument überzeugt freilich nicht wirklich, da eine Änderung zum jetzigen Zeitpunkt jedenfalls weniger Mühe macht als eine spätere Änderung und größere Klimaschutzerfolge durch eine Systemänderung ja auch zu langfristigen Kosteneinsparungen (in Bezug auf die Klimafolgeschäden) führen würden. Zudem erzeugt die Fortführung des begrenzten Emissionshandels und seine Kombination mit vielen anderen bürokratischen, aber schwachen Steuerungsinstrumenten fortwährend neue Kosten.

22. „Eine umfassende Klimaschutzverpflichtung schadet den Entwicklungsländern – und den sozial Schwächeren in westlichen Ländern“

Aber ist es nicht völlig abwegig, die Entwicklungsländer bereits heute klimapolitisch zu verpflichten? Die globalen Kopenhagen-Klimaverhandlungen gehen wie gesagt eher dahin, diese Länder nicht auf konkrete Reduktionsziele zu verpflichten, sondern nur relativ abstrakte Vorgaben zu machen. Dies ist jedoch bei näherem Besehen keine sehr gute

Idee. Es ist zwar definitiv festzuhalten, dass die Industriestaaten pro Kopf immer noch ein Vielfaches der Ausstöße von südlichen Ländern aufweisen, gleichzeitig aber vom Klimawandel vergleichsweise weniger stark betroffen sein werden. Ferner forcieren die historischen Emissionen der Industrieländer seit dem 19. Jahrhundert angesichts der extremen Langlebigkeit von Treibhausgasen den Klimawandel noch heute – auch wenn die Schwellenländer jetzt ökonomisch teilweise aufholen. Aus folgenden Gründen erscheint mir das vorgeschlagene Konzept trotzdem richtig.

– Das Konzept nützt gerade der wirtschaftlichen Entwicklung und der Armutsbekämpfung in den Entwicklungsländern. Wer wenig Energie und Produkte konsumiert, also gerade die sozial Schwächeren, bekäme die weitergegebenen Kosten des Emissionshandels nur wenig zu spüren. Und der Ökobonus wäre im Verhältnis zu den (durch Energie- und Produktpreise an die Endkunden weitergereichten) Emissionshandelskosten im Okzident niedrig und in südlichen Ländern hoch – weil die Emissionshandelskosten zwischen den Staaten zum „südlichen" Ökobonus dazuaddiert und vom „westlichen" Ökobonus subtrahiert werden würden. Was gerecht wäre, wenn wir hier vorerst unterstellen, dass weltweit alle Menschen ein gleiches Recht auf Treibhausgasausstöße haben: Man gleicht damit aus, dass wir Europäer und Nordamerikaner pro Kopf dem Klima mehr schaden. Das konkret ist der Finanztransfer in den Süden.

– Und vor allem würden mit einer entschlossenen Bekämpfung des Klimawandels dessen verheerende soziale Folgen in Nord und Süd vielleicht doch noch abgewandt, deren schlimmste Form sich jetzt bereits abzeichnet: Migrationsströme und Verteilungskriege um Ressourcen wie Wasser, die infolge des Klimawandels knapp werden.

– Auch eine weltweite und dauerhafte Grundversorgung mit bezahlbarer Energie wird durch das Modell gerade ermöglicht.

– Extra-Emissionsrechte (und der Einstieg mit zunächst moderaten Pro-Kopf-Zielen) führen dazu, dass die Schwellenländer wie China, die heute schon über der dauerhaft tragbaren Emissionsmenge liegen, trotzdem vorläufig Emissionsrechte verkaufen und damit Einnahmen machen können. Notfalls könnte man außerdem überlegen, entgangene Gewinne der Kohle- und Ölexportländer wie Indien, Russland oder Saudi-Arabien durch weitere Extraemissionsrechte (und entsprechend geminderte Emissionsrechte westlicher Industriestaaten) auszugleichen. Denn diese Gewinnerwartungen sind eines der Haupthindernisse für ein einschneidendes globales Klimaabkommen.

– Last but not least: Im Interesse künftiger Generationen brauchen alle Länder weltweit Klimaziele. Sonst erkaufen wir Sozialverträglichkeit heute damit, die Welt für die Zukunft zur Hölle zu machen.

Gerade dieser letzte Punkt verweist auf einen Kardinalfehler gängiger Konzepte des Zusammenbringens von Umwelt- und Sozialpolitik, wie sie auch dem Kyoto- und demnächst wohl dem Kopenhagen-Protokoll zugrunde liegen: Man glaubt, „etwas weniger Umweltpolitik“ sei die beste Art, die sozial Schwachen zu entlasten. Dagegen setze ich das Prinzip „ernsthafte Umweltpolitik, aber gegen finanziellen Ausgleich für die sozial Schwächeren“.[53] Der hier vertretene Ansatz ist damit ökologisch und auch sozialpolitisch wirksamer, als wenn man einfach „unterschiedliche Reduktionsverpflichtungen für unterschiedliche Länder" festlegt, wie dies bisher im Kyoto-Protokoll geschah und wie dies wohl auch im Kopenhagen-Protokoll kommen wird. Denn mit dem hier vorgestellten Konzept kommt es zu einem ganz konkreten Finanzfluss zugunsten der Ärmsten. Dieser ist generell armutspolitisch nötig, und er ist nötig, um eine klimaverträgliche Entwicklung im Süden in Gang zu setzen. Außerdem braucht der Süden Finanzhilfen gegen erste, bereits jetzt nicht mehr zu verhindernde Klimawandelsfolgen. All das können unterfinanzierte, vage ausgestaltete, zudem eher den südlichen Oberschichten nützende Fondslösungen bekanntlich nicht leisten.

Haben die Menschen, wie bei indigenen Völkern beispielsweise, noch kein Bankkonto, könnte man übergangsweise in – aber konkret festzulegenden – sozialen Projekten das Geld für sie investieren, statt es als Ökobonus auszuzahlen. Generell ist der Ökobonus viel unbürokratischer als beispielsweise zweckgebundene staatliche Subventionen zu ganz konkreten Maßnahmen. Etwa zur Anschaffung klimafreundlicher Haushaltsgeräte hier in Europa. Außerdem nützen Zuschüsse oder auch Steuererleichterungen aller Art oft denen, die ohnehin schon eine „Grundsumme" aufbringen können – also selten den Armen. Der Ökobonus reizt übrigens auch nicht zur Erhöhung des Energieverbrauchs. Zwar heißt mehr Wohlstand tendenziell immer auch: mehr Energieverbrauch. Doch ist der Treibhausgasausstoß durch das Modell ja global gedeckelt. Im Westen wird der Ökobonus zudem kaum jemanden reicher machen; primär sollen die steigenden Energiepreise durch den Bonus kompensiert werden.

Das führt direkt zur nächsten Frage: Ist das Ganze nicht gegenüber den sozial Schwächeren hierzulande jetzt und heute ungerecht, wenn schon nicht gegenüber den sozial Schwächeren im Süden? Mit dem globalen Klimaschutzansatz würden Autofahrten, Urlaubsflüge usw. teurer und seltener werden. In der Tat wirkt der Emissionshandel, da er als Mehrkostenfaktor für Energie und Produkte beim Konsumenten ankommt, tendenziell zu Lasten der weniger Einkommensstarken. Denn deren finanzieller Spielraum wird wegen des prozentual größeren Anteils der Energiekosten an ihrem Einkommen wesentlich stärker beschnitten als bei Besserverdienenden (auch wenn diese absolut pro Kopf mehr Energie verbrauchen). Jedoch löst der Ökobonus dieses Problem gerade auch in Europa. Da der Ökobonus jedem zukommt, aber die Gutverdienenden als Energiemehrverbraucher mehr zu seiner Finanzierung beitragen, hebt dies eine etwaige soziale Schieflage der Klimapolitik auf. Wer energieeffizient (oder unter Nutzung erneuerbarer Energien) lebt, hat am Ende durch den Ökobonus keinen Nachteil – wer dies dagegen nicht tut, hat einen Nachteil. Denn die erstgenannte Person bekommt so weniger Emissionshandelskosten ab, erhält aber trotzdem den gleichen Ökobonus wie die zweite Person. Weiterhin schafft Klimapolitik tendenziell dauerhaft Arbeitsplätze, was sozial gerade von Vorteil ist. Zudem dürfte der Klimawandel selbst zu viel größeren sozialen Benachteiligungen der sozial Schwächeren führen als die bisherigen (moderaten) Maßnahmen zu seiner Verhinderung. Und von dauerhaft preisstabilen und sicheren Energieversorgungsstrukturen profitieren auch die sozial Schwächeren. Den sozial Schwächeren würde zudem nützen, dass der Finanztransfer in den Süden dort die sozialstaatliche Entwicklung stimulieren, damit Sozialdumping seltener machen und so den westlichen Sozialstaat mittelfristig stabilisieren würde.

Eine offene Frage ist, wie man das Bevölkerungswachstum im Süden (bzw. in den nördlichen Ländern die Bevölkerungsschrumpfung) bei der Pro-Kopf-Emissionsrechtezuteilung berücksichtigt. Entweder passt man die Zuteilung der Emissionsrechte an die Staaten jährlich an den Bevölkerungszustand an, oder es gilt schlicht die Bevölkerungszahl zum Zeitpunkt der Schaffung des gesamten Systems. Letzteres wäre insofern besser, als dann keine „Prämierung" des Bevölkerungswachstums, welches auch das Klima- und das Armutsproblem stetig verschärft, erfolgt. Umgekehrt würde damit die Bevölkerungsschrumpfung in den westlichen Staaten ausdrücklich prämiert. Was allerdings durch Migrationsprozesse teilweise nivelliert werden dürfte.

23. „Klimaschutz ist ein Energieproblem, die Landwirtschaft ist dagegen umweltschützend"

Wenn von Klimapolitik die Rede ist, wird meist angenommen, es gehe nur um Energie: Strom, Wärme, Treibstoff. Das ist schon insofern irreführend, als in jedem Produkt Energie steckt. Mein PC verbraucht nicht nur Energie, wenn er läuft. Auch seine Herstellung und seine Entsorgung sind energieaufwendig. Es gibt noch ein weiteres Problem: Ein erheblicher Anteil an den weltweiten Treibhausgasemissionen geht auf die Landnutzung zurück, also auf einen vermeintlich „grünen" Bereich – konkret auf die konventionelle Landwirtschaft und auf die Entwaldung. Die Zusammenhänge sind dabei sehr komplex. In der Landwirtschaft ist ein wesentlicher Punkt etwa, dass Dünger extrem energieintensiv hergestellt wird. Vor allem Öl wird dafür eingesetzt. Bei der Entwaldung ist nicht nur die eigentliche Kohlendioxidfreisetzung etwa beim Niederbrennen von Regenwald für die Futtermittel- oder Bioenergieproduktion problematisch. Vielmehr sind Landnutzungsänderungen auch geeignet, aus den Böden Methan und Lachgas freizusetzen. Aus diesen Gründen sind Konzepte nötig, die die Landnutzung vollständig in den vorgeschlagenen globalen und europäischen Emissionshandel integrieren. Das Öl der Düngerproduktion beispielsweise wäre von einem Primärenergie-Emissionshandel zwar automatisch erfasst, das Abfackeln von Regenwald dagegen nicht. Die Entwicklung diesbezüglicher Konzepte steckt noch in der Anfangsphase. Das bisherige Kyoto-Protokoll erfasst die Entwaldung im Regenwald schon deshalb nicht, weil die Entwicklungsländer keinen Reduktionspflichten unterliegen. Und auch für Industrieländer kommt die Entwaldung nur „umgekehrt" vor – nämlich dahingehend, dass das Kyoto-Protokoll suggeriert, man könne Reduktionspflichten teilweise auch durch Neuanpflanzungen von Bäumen erfüllen, die dann das CO_2 binden. Was aber allenfalls als Hilfsmittel taugt, nicht als wesentliche Maßnahme.

Nebenbei bemerkt: Eine weltweite Landwirtschaft ohne Öl führt nicht zu gigantischen Hungersnöten, auch wenn ohne Kunstdünger Ernteeinbrüche denkbar sind. Es genügen Flächenaktivierungen, anderweitige Ertragssteigerungen, ein deutlich reduzierter Fleischkonsum und ein weitgehender Verzicht auf den Anbau von Bioenergiepflanzen.[54]

Auch das *International Assessment on Agricultural Knowledge, Science and Technology for Development* – das globale Parallelgremium zum IPCC im Bereich Landnutzung – hat das bestätigt und dabei dem ökologischen Landbau, der geringere Erträge, aber auch eine bessere Treibhausgasbilanz vorzuweisen hat, eine große Verbreitung eingeräumt.[55]

24. „Ein differenzierter Instrumentenmix ist besser als ein großes Klimaschutz-Instrument"

Die Landnutzung als Klimaproblem führt noch zu einem allgemeineren Gesichtspunkt. Schweizer Juristen lernen im Studium häufig den „Oma-Test". Man soll rechtliche Aussagen grundsätzlich auch noch der eigenen Oma erklären können. Im bisherigen – ziemlich erfolgsarmen – Klimaschutzrecht wäre jedoch noch die gebildetste Oma heillos überfordert. Es gibt einen Wust von Steuern, Emissionshandel, Verboten, Subventionen und sonstigen Regeln mit vielfältigen Ausnahmen, die selbst die Experten oft nicht durchschauen. Deshalb würde das oben entwickelte Modell sogar Bürokratie sparen. Denn die Mehrzahl der Klimagesetze würde durch ein solches Modell, das alle Emissionen erfasst, überflüssig. Der klimaschutzrechtliche Flickenteppich, den der beliebte Begriff „Instrumentenmix" auch noch mit dem Anschein der konzeptionellen Durchdachtheit adelt, obwohl oft eher zufällige Kompromisse zwischen Interessengruppen den „Mix" verursachen, ist auch aus Demokratiegründen problematisch: Wähler und selbst Abgeordnete können die Wirkungen der Klima- und Energiepolitik gar nicht mehr wirklich beurteilen (was auch Verwässerungen durch Interessengruppen erleichtert).

Gleichwohl wäre es absolut naiv, nach dem Prinzip „one fits all“ sämtliche klimapolitischen Instrumente zugunsten des globalen Modells abschaffen zu wollen. Jede mit monetären Anreizen arbeitende Klimapolitik (Emissionshandel) braucht ergänzend etwa Informations-Instrumente – also sagen wir Produktkennzeichnungen, die dem Verbraucher verraten, wie viel Energie denn nun welcher Wasserkocher verbraucht, wenn der Verbraucher auf die emissionshandelsbedingt teurer werdenden Strompreise durch Kauf eines sparsamen Wasserkochers reagieren möchte. Nur noch übergangsweise würde dagegen die in vielen Ländern bestehende Subventionierung erneuerbarer Energien benötigt; denn ein durch jährlich strenger werdende Reduktionsziele anziehender Emissionshandel drängt die fossilen Brennstoffe auch so schrittweise aus dem Markt. Noch längerfristig ist staatliche Aktivität dagegen in der Raumplanung gefragt. Neue Raum- und Verkehrsstrukturen, wie sie einer weniger „fossilen“ Brennstoff-Gesellschaft angemessen sind, müssen nämlich entwickelt und staatlich vorstrukturiert werden. Ebenso nötig sind staatlich organisierte Stromnetzausbauten. Denn durch den Emissionshandel werden große Windparks im Meer oder riesige Solarparks in Südeuropa und damit große Mengen an erneuerbarer Energie entstehen; doch die dort produzierte Energie muss auch zum Endverbraucher gelangen.

Es muss in jedem Fall auch die klimapolitische und soziale Wirkung von den Klimagasausstoß fördernden Subventionen in die Gesamtbetrachtung einbezogen werden, etwa die Wirkung der Pendlerpauschale oder sonstiger Steuererleichterungen und Förderprogramme. All diese Subventionstatbestände haben einerseits eine Klimarelevanz und werden andererseits von irgendjemandem bezahlt, was soziale Verteilungseffekte hat. 42 Milliarden Euro umweltschädliche Subventionen werden in Deutschland jährlich als Direktzahlungen oder über Steuererleichterungen gezahlt, so das Umweltbundesamt im November 2008. Und zwar zunächst durch den Bund; Länder und Kommunen sind hier rechnerisch noch kaum berücksichtigt. Problematisch sind auch globale Subventionen durch Weltbank und Internationalen Währungsfonds, gerne zugunsten fossiler Großkraftwerke. Streicht man solche Subventionen weitestgehend, unterstützt das die Wirkungen des globalen und europäischen Klimaschutzkonzepts.

25. „Wir sollten besser gleich die ganze Globalisierung rückgängig machen“

Aber muss man nicht noch grundlegender ansetzen? Viele verbinden die übermäßige Inanspruchnahme der natürlichen Lebensgrundlagen mit dem modernen globalisierten Kapitalismus. Wenn damit gemeint ist, dass eine auf eigennützige Profiterzielung gerichtete Wirtschaftsordnung mitursächlich für das Klimaproblem ist, so ist das zwar zutreffend. Allerdings ist der moderne Kapitalismus auch ursächlich für die moderne Sozialstaatlichkeit und die Überwindung der Massenarmut in Europa und Nordamerika (und wesentlichen Teilen Ostasiens). Wogegen der Staatssozialismus nur die Umweltschäden, nicht aber den allgemeinen Wohlstand mit dem Kapitalismus gemeinsam hat. Dennoch: Sollte man nicht zumindest den globalen Freihandel einschränken oder gar aufheben? Das ist nicht sinnvoll, weil dann die Vorteile der internationalen Arbeitsteilung verloren gehen. Besser ist die ökologisch-soziale Einrahmung des freien Marktes, wie sie das globale Klimakonzept enthält (das mit dem Ökobonus ja auch den weltweiten sozialen Dumpingwettlauf stoppt).

Nach den vorherrschenden Vorstellungen unter Ökonomen ist allerdings die Frage nach dem Sinn *jedweder* handelsbeschränkender Maßnahmen tendenziell negativ zu beantworten. Vielmehr bewirke ein möglichst unreglementierter Freihandel weltweit den größtmöglichen Wohlstand und sei damit der im Wesentlichen allein interessierende sozialpolitische Weg für OECD- und Entwicklungsländer. Falls doch Regelungsbedarf entstünde, etwa der Wunsch der Bevölkerung nach mehr Klimaschutz oder nach einer (gegebenenfalls: besseren) Krankenversicherung, so könne dieser durch die Nationalstaaten unschwer wahrgenommen werden.[56] Zwar dürfte in der Tat zutreffen, dass ein globaler Freihandel zu internationaler Arbeitsteilung und damit zu „effizienten" Produktionsbedingungen führt, also – bezogen auf die Saldierung der absoluten wirtschaftlichen Kosten und Nutzen – tendenziell wohlstandsfördernd wirkt.[57] Das spricht jedoch keineswegs gegen politische Leitplanken, wie sie ein globales Klimakonzept einschließlich seiner gewollten sozialpolitischen Ausbalancierungen setzt.

– Die Annahme, dass die Tendenz zu eher „weniger" Klima- oder auch Sozialpolitik ökonomisch vorteilhaft ist, lässt sich in dieser Allgemeinheit nicht belegen. Problemlagen und Güter, die sich nicht in einem Marktpreis niederschlagen (wie das globale Klima), werden am freien Markt vielmehr tendenziell ignoriert. Dies ist das Problem der so genannten externen Kosten – die gerade im Falle des Klimawandels allerdings eines Tages zu wirklich drastischen ökonomischen Kosten werden können.

– Ebenso darf man übrigens auch in der Sozialpolitik annehmen, dass gerade soziale Rahmensetzungen sich positiv auf Motivation und Kompetenz der Arbeitenden auswirken und allein schon deshalb (also bereits rein ökonomisch) vorteilhaft sind. Demgegenüber ist eine endlose Spirale von Leistung und immer mehr Leistung kaum durchzuhalten; in jedem Fall ist sie wohl kaum glücksförderlich.

– Unthematisiert bleibt ferner, dass ein absolut steigender gesellschaftlicher Reichtum – den Ökonomen dann „effizient" nennen – sehr ungleich verteilt ist; die soziale Bedrängnis der „Verlierer" in westlichen und südlichen Ländern nimmt keineswegs ab, sondern verschärft sich oftmals noch.

– Außerdem ist die Vorstellung ewigen Wachstums, der die Freihandelsökonomen anhängen, wie gesehen, unhaltbar.

Bereits aus der Geschichte ist bekannt, dass im Nationalstaat der Kapitalismus erst an dem Punkt für die breiten Massen vorteilhaft wurde, als es (im Laufe des 20. Jahrhunderts) zu einer politischen Regelsetzung und damit zur sozialen Marktwirtschaft kam. Ebenso kam der Umweltschutz Anfang der 70er Jahre erst durch rechtliche Vorgaben in Gang. Genau für eine solche Rahmensetzung fehlt bisher jedoch eine globale Politikebene, die solche Rahmensetzungen und auch Umverteilungsentscheidungen auf globaler Ebene vornehmen könnte. Die Nationalstaaten können dies wegen des geschilderten globalen Wettstreits um die kostengünstigsten Produktionsbedingungen für Unternehmen demgegenüber kaum ersetzen; eine nationalstaatliche Politik kann eine globale, mobile Ökonomie nur unvollständig einhegen. Zumal unternehmerische Selbstregulierung im Klimabereich wie gesehen nicht hinreichend wahrscheinlich ist. Natürlich stellt sich das Wettstreitproblem zwischen den Staaten in der Klima- wie auch allgemein in der Sozial- und Steuerpolitik nur dann, wenn die Gesamtproduktionskosten meinetwegen zwischen Deutschland und Südkorea wirklich differieren – wenn also höhere klima- und sozialpolitische Kosten in Deutschland nicht durch qualifiziertere Arbeiter dort ausgeglichen werden. Doch die PISA-Studien illustrieren schon heute, dass Deutschland *auf Dauer* in der Tat keine besseren Arbeitsergebnisse (und keinen höheren Bildungsstand) als Länder wie Südkorea, China, Indien oder Indonesien haben wird.

Um das globale Klima- und Armutsproblem anzugehen und für die Entwicklungsländer finanzierbar zu sein, müssten globale Klima- und Sozialstandards geschaffen werden und mit gezielten finanziellen Unterstützungen der Entwicklungsländer verbunden werden. Genau dazu dient das vorgeschlagene globale Klimamodell. Kurz gesagt, müsste der globale Freihandel von der EU lernen: Die WTO müsste den Weg von einer ursprünglich reinen Freihandelszone zu einem ökologisch-sozial aufgewerteten politischen Raum beschreiten. So könnte die Sozial- und Umweltstaatlichkeit weltweit wachsen beziehungsweise gegen einen Dumping-Wettstreit geschützt werden. Dafür könnte man die internationalen Klimaverträge letztlich gleich direkt in die WTO integrieren. All dies erleichtert auch einen friedlichen und (anders als beispielsweise gegenwärtig im Irak) gelingenden Export von Freiheit und Demokratie als historisch regelmäßige Folgen wachsenden Wohlstands, was zugleich die kulturelle Konfrontation und das globale Terrorismusproblem entschärfen könnte. Indem man den scheinbaren ökonomischen Sachzwang zu niedrigen Umwelt- und Sozialstandards bricht, indem alle Staaten weltweit an ähnliche umwelt- und sozialpolitische Bedingungen herangeführt werden, beendet man auch die Machtlosigkeit der Demokratie in westlichen Ländern, die momentan scheinbar „gar nicht anders kann", als eine zurückhaltende Umwelt- und Sozialpolitik zu betreiben. Und man bringt vielleicht einen Prozess auf den Weg, in dem irgendwann auch die globale Ebene – vielleicht in der WTO – wie heute schon die EU ihr eigenes Parlament haben wird.[58] Denn das Haupthindernis dafür ist bisher, dass schon die Mehrzahl der Einzelstaaten keine Demokratien sind.

26. „Zur Sicherung der Wettbewerbsfähigkeit seiner Industrie und der Arbeitsplätze darf Europa im Klimaschutz keinesfalls viel deutlicher als bisher vorangehen"

Was aber könnten Deutschland und die EU tun, wenn die Staaten weltweit – und das ist leider nicht unwahrscheinlich – bis auf weiteres kein anspruchsvolles globales Klimaschutz-Regelwerk einführen, wie es hier versuchsweise vorgeschlagen wurde? Europa allein kann das globale Klima nicht retten, und ein einseitiges europäisches Vorpreschen steht in der Gefahr, dass schlicht die anderen Staaten das in Europa eingesparte Öl verbrennen. Das brächte dann wenig für den Klimaschutz. Und es wäre zugleich teilweise schlecht für die Wettbewerbsfähigkeit bestimmter europäischer Unternehmen, die von einer intensiven Klimapolitik Kostennachteile haben. Anders gesagt: „Zu viel Klimaschutz" bringt scheinbar die Gefahr einer Industrieabwanderung aus Europa mit sich. Deshalb hat die EU beschlossen, erst bei einem anspruchsvollen globalen Klimaabkommen deutlich mehr zu tun als die bisherigen kleinen Schritte. Auch wenn andere Unternehmen wiederum von einer EU-Vorprescher-Rolle Vorteile haben könnten.

Europa könnte aber auch vorpreschen, ohne dass die Wettbewerbsfähigkeit überhaupt leidet und andere unsere Klimaschutzbemühungen zunichte machen. Ich meine hier nicht den bisher von der EU beschrittenen Weg: schwache Reduktionsziele, kostenlose statt versteigerte Emissionszertifikate, Setzen auf CDM statt auf Klimaschutz hier in Europa. Das ist wieder genau der kritisierte Weg „Wirtschafts- und Sozialpolitik durch schwächere Umweltpolitik". Vielmehr ist eine anspruchsvolle (!) EU-Klimapolitik auch ohne strenges globales Klimaabkommen möglich; denkbar wäre also beispielsweise ein zunächst auf die EU beschränkter Unternehmens-Emissionshandel, der wie vorgeschlagen an der Primärenergie orientiert ist, strengere Reduktionsziele hat und keine Ausnahmen mehr vorsieht. Das ginge, wenn man zusätzlich Ökozölle (*Border Adjustments*) an den EU-Grenzen schafft.[59] Würden dann Produkte aus Ländern mit einer weniger „kostenintensiven" Klimapolitik nach Europa eingeführt, würden die Produkte also an der Grenze mit den Kosten belastet werden, die bei der Produktion mangels kostentreibender klimapolitischer Vorgaben im Heimatland eingespart wurden. Exportiert umgekehrt Europa Produkte, so würden die heimischen Unternehmen bei der Ausfuhr die in Europa gezahlten höheren klimapolitikbedingten Kosten zurückerhalten. Dabei könnten sogar die Erlöse aus den Ökozöllen den Entwicklungsländern zugewandt werden, wenn man die Mittelverwendung mit einer Zweckbindung versieht. Beispielsweise im Sinne einer Verwendung für Klimaschutzmaßnahmen im Süden.

Das Ganze wäre dann ein erster Schritt zu einem neuen globalen Ansatz gegen den Klimawandel, der den Armen im Süden am meisten schaden wird. Ökozölle erlauben der EU, Ländern wie China, Indien und den USA eine effektive und soziale (und wirtschaftlich prosperierende) Klimapolitik vorzumachen. Nur so wird man die Bereitschaft zu einer globalen effektiven und sozialen Klimapolitik wecken. Ökozölle diskriminieren auch niemanden im globalen Freihandel und sind WTO-rechtlich zulässig; denn sie sorgen gerade dafür, dass sich Klimaschutzverweigerer wie bisher die USA durch Ökodumping keinen unlauteren Vorteil im globalen Wettbewerb verschaffen. Ökozölle ersparen uns allerdings nicht das Überdenken unseres Lebensstils und unserer Wirtschaftsweise. Denn in ihrem Schutz wird eine wirksame Klimapolitik ja gerade möglich.

27. „Beim Klimawandel geht es um Verhinderung und auf keinen Fall um Anpassung"

Idealerweise sollte man den menschengemachten Klimawandel ganz verhindern. Das kann jedoch bereits jetzt nicht mehr gänzlich gelingen. Selbst wenn die Menschheit am heutigen Tag aussterben würde – ein wenig wünschenswertes Szenario –, würde die globale Erwärmung möglicherweise bis auf knapp zwei Grad über Ausgangsniveau weiter fortschreiten. Zunehmend wird politisch und wissenschaftlich deshalb anerkannt, dass selbst bei deutlich gesteigerten Klimaschutzanstrengungen ergänzend eine Strategie der Anpassung (Adaptation) nötig ist.

Die erwartbaren klimawandelbedingten Auswirkungen und Schäden werden wohl global ungleich verteilt sein. Auch Europa und konkret Deutschland steht dabei, wenngleich in geringerem Maße als andere Länder, vor wichtigen Veränderungen. Das betrifft etwa die Bereiche Hochwassermanagement, Siedlungsentwicklung, Katastrophenschutz, Agrar- und Forstwirtschaft. Wichtig ist vor allem, auf das Kostenproblem für die Entwicklungsländer zu reagieren – Bangladesch hat schlicht kein Geld, sich aus eigener Tasche riesige Staudämme gegen einen klimawandelbedingt steigenden Meeresspiegel zu bauen. Genau dieser nötige Finanztransfer wird in Kopenhagen wohl aufgestockt werden. Allerdings wohl in völlig unzureichendem Umfang. Kleine milde Gaben reichen jedoch nicht. Der vorgeschlagene Finanz-Großtransfer im Rahmen des vorgeschlagenen globalen Klimaschutzkonzepts erscheint mir deshalb sinnvoller.

IV. Freiheit, Gleichheit, Menschenrechte

28. „Wir kennen die Wünsche künftiger Generationen nicht; für den Klimaschutz können sie deshalb keine entscheidende Rolle spielen“

Der Klimawandel ist durch seine potenziell verheerenden ökonomischen, friedenspolitischen und existenziellen Seiten nicht nur ein Problem, für das sich jeder einigermaßen klar denkende Mensch aus purem Eigeninteresse interessieren müsste. Der Klimawandel ist auch ein handfestes moralisches Problem. Denn wir schädigen nicht nur uns selbst, sondern auch andere. Und die Konfliktlösung zwischen Menschen ist das Thema der Moral und übrigens auch des Rechts. Der bisherige westliche Zivilisationspfad kann nicht von allen Menschen weltweit und schon gar nicht von allen Generationen auf Dauer weiter so beschritten werden; je länger man jenen Weg fortsetzt und je mehr Menschen ihn imitieren, desto drastischer wird die Klima- und Ressourcenproblematik sich entwickeln. Es fehlt jenem Zivilisationspfad damit an Nachhaltigkeit – so der Oberbegriff für dauerhafte und globale Lebbarkeit, also für die Idee von (mehr) Generationen- und globaler Gerechtigkeit.

Ist die globale Klimawende hin zu einem globalen Konzept wie dem vorgestellten also nicht nur im eigenen Interesse ratsam, sondern vielmehr normativ (das ist der Oberbegriff für moralisch und rechtlich) geboten, also gerecht? Gerechtigkeit meint hier ganz allgemein die Richtigkeit einer gesellschaftlichen Ordnung. Die aufgeschriebene Verfassung – als rechtliche Grundordnung von Gesellschaften – ist dabei mit moralischer Gerechtigkeit natürlich nicht notwendigerweise identisch. Bei liberal-demokratischen Verfassungen ergibt sich diese Deckung allerdings, wenn wir sie neu interpretieren. Dazu später.

Nehmen wir für den Moment einmal an (näher dazu später): Gerecht ist eine Gesellschaft dann, wenn in ihr jeder nach eigenen Vorstellungen leben kann und alle anderen das auch können – wenn also jeder gleichermaßen (!) ein so bezeichenbares Recht auf Freiheit hat und Freiheitskonflikte gewaltenteilig-demokratisch gelöst werden. Dieses Recht auf Freiheit nennen wir, indem wir es auf allgemeine Handlungsfreiheit, Versammlungsfreiheit, Berufsfreiheit, Eigentumsfreiheit, Religionsfreiheit, Meinungsfreiheit etc. – und wie wir sehen werden: auch den Schutz elementarer Freiheitsvoraussetzungen wie Leben, Gesundheit und Existenzminimum – aufspalten, auch gerne mit einem relativ vagen Begriff „die Menschenrechte". Gerecht ist menschliches Zusammenleben also, wenn es die Menschenrechte sowie bestimmte die Freiheit unterstützende sonstige Arrangements optimal verwirklicht. Wir werden noch sehen, dass dies sogar das einzige Gerechtigkeitskriterium ist, wenn man es nur richtig interpretiert.

Nun schadet der Klimawandel langfristig massiv künftigen und weit entfernt lebenden Menschen, die wenig für diesen Klimawandel können. Wir untergraben damit die Selbstbestimmung und die Freiheit aller Menschen hierzulande in Zukunft sowie in anderen Erdteilen. Denn die Gefährdung der Lebensgrundlagen durch einen potenziell katastrophalen Klimawandel bedroht die Freiheit einerseits durch Zerstörung unverzichtbarer vitaler Grundlagen, ohne die wir mit unseren klassischen Freiheitsgarantien nicht mehr allzu viel werden anfangen können. Andererseits provoziert die Lebensgrundlagengefährdung potenziell eines Tages einen Schwenk schlimmstenfalls hin zur Ökodiktatur, weil grundlegende Veränderungen in der Demokratie eben selten radikal und schnell durchsetzbar sind. Ist es nicht von der Moral und vom Recht her geboten, dieser verheerenden Alternative „wirtschaftsliberaler/postmoderner Hyperindividualismus“ versus „stärkere Unterordnung unter eine autoritäre Gemeinschaft“, die das Ende unserer freiheitlichen Lebensform bedeuten würde, eine andere Lösung entgegenzusetzen? Ist es nicht insbesondere geboten, raumzeitlich „entfernten“ Menschen und ihrer Selbstbestimmung mehr Gewicht einzuräumen, als wir dies bisher zu tun pflegen?

Warum aber dürfen uns *künftige Generationen und auf anderen Kontinenten lebende Menschen* nicht einfach gleichgültig sein? Das Grundprinzip liberal-demokratischer Gesellschaften, die Freiheit, verstanden als Recht auf Selbstentfaltung[60], nicht zuletzt auch ökonomische Entfaltung, und als Abwesenheit übermäßiger staatlicher Bedrückung, ist sicher richtig und wichtig (und es gilt verblüffender Weise sogar universal, wie wir später noch sehen werden). *Aber,* und dies ist die nötige Abkehr vom gewachsenen Freiheitsverständnis in Recht und Moral – auch die Menschen auf der Südhalbkugel und die Menschen künftiger Generationen haben einen ebensolchen Anspruch auf gleiche Freiheit. Denn erstens sind zu ihrem Lebenszeitpunkt auch junge und künftige Menschen Menschen – und schon heute sind dies die Menschen in anderen

Ländern – und damit Träger des Menschenrechts auf Freiheit und Selbstbestimmung. Und dieses Recht auf gleiche Freiheit hat gerade den Sinn, dann zu wirken, wenn ihm Gefahren drohen – und sie drohen in einer technisierten, globalisierten Welt grenzüberschreitend und vor der eigenen Lebenszeit. Es gibt noch ein wesentliches zweites Argument für das Menschenrecht der künftig und entfernt Lebenden, welches jedoch erst unten verständlich wird, wenn das Freiheitsprinzip seinerseits (und zwar universal) begründet wurde: Die menschliche Kommunikationspraxis, der Diskurs, der logisch dazu zwingt, jeden Menschen als Wesen mit einem Recht auf Selbstbestimmung anzuerkennen, impliziert, dass wir auch anderswo und künftig lebende Menschen achten müssen. Das meint zunächst, dass

1. die Freiheitsrechte eine zeitübergreifende (intergenerationelle) und globale Dimension bekommen. Unser Freiheitsverständnis, das bisher gern auf ein Recht, sich (vor allem wirtschaftlich) nach Belieben zu entfalten, reduziert wurde, muss aber auch in anderen Punkten revidiert werden:

2. So müssen die Freiheitsrechte endlich auch so interpretiert werden, dass sie auch die elementaren physischen Freiheitsvoraussetzungen einschließen – also einen Anspruch nicht nur auf Sozialhilfe und nicht nur auf ein gewisses Quantum an Sicherheit (also jedenfalls Abwesenheit von Krieg und Bürgerkrieg), sondern auch auf ein Vorhandensein einer einigermaßen stabilen Ressourcenbasis und eines entsprechenden Globalklimas. Warum? Ohne ein solches Existenzminimum (und ohne Leben und Gesundheit) gibt es keine Freiheit. Die elementaren

Freiheitsvoraussetzungsrechte werden häufig auch als wirtschaftliche und soziale Menschenrechte bezeichnet. Wie das Recht auf Nahrung und Wasser, welches auch die vom Klimawandel besonders betroffenen Menschen in den Entwicklungsländern für sich beanspruchen können. Und zwar nicht nur heute, sondern auch in Zukunft. Die Begründung über die Freiheit zeigt jedenfalls präziser als ein sehr vager Begriff wie „Grundbedürfnisse", um was es eigentlich geht.

3. Ferner muss Freiheit ein Einstehenmüssen für die vorhersehbaren (auch ökologischen) Folgen des eigenen Tuns – auch in anderen Ländern und in der Zukunft – einschließen (Verursacherprinzip). Denn Freiheit heißt Eigenständigkeit und damit Verantwortung für die Folgen des eigenen Handelns – auch für die unangenehmen Konsequenzen des eigenen Lebensplanes.

4. Außerdem bedeutet der Sinn des Freiheitsprinzips, also „Freiheitsschutz dort, wo die Gefahr droht", dass die Freiheit auch einen Anspruch auf (staatlichen) Schutz vor den Mitbürgern einschließen muss (und dies nicht nur in extremen Ausnahmefällen) – denn entgegen den liberalen Klassikern wie John Locke oder Adam Smith ist der Staat eben nicht die alleinige Gefahr für die menschliche Selbstbestimmung. Also nicht nur „Staat, lass mich in Ruhe"; der Staat hat gerade auch die Aufgabe zu verhindern, dass die Bürger wechselseitig ihre Freiheit zerstören.

Die gesamte Argumentation zur Freiheit ist eine Moraltheorie und zugleich eine Interpretation der juristischen – nationalen, europäischen und völkerrechtlichen – Menschenrechte.[61] Und das ist sehr wichtig. Denn anders als die Moral respektive die Gerechtigkeit(stheorie) ist das

Recht mit *Zwang* durchsetzbar, also weniger von unserem guten Willen abhängig. Und Recht ist auch konkreter als die Moral und damit leichter anzuwenden. Beide, Recht und Moral, sind aber keine Beschreibung unseres faktischen Verhaltens. Sie sagen vielmehr, was wir tun *sollen.*[62]

29. „Wichtig ist, dass es uns gut geht; die Afrikaner müssen selbst für sich sorgen"

Dass uns Europäern die Afrikaner und Bangladeschis und all die anderen Hauptleidtragenden des von primär vom Westen verursachten Klimawandels nicht egal sein dürfen, sondern ihre Selbstbestimmung gleichermaßen zählt, habe ich soeben begründet. Aber ist der elementare Freiheitsvoraussetzungsschutz der sprichwörtlichen Afrikaner wirklich gleichermaßen zu beachten dahingehend, dass wir *gleiche* Emissionsrechte akzeptieren müssen? Materielle Gleichheit ist, anders als Rechtsgleichheit, eigentlich kein freiheitlich-demokratisches Grundgebot. Ich meine dennoch: Ja, wir müssen zu einer globalen Pro-Kopf-Gleichverteilung der Emissionsrechte kommen, wenn wir das eben Hergeleitete konsequent anwenden. Zur Erinnerung: Es geht hier darum, ein primär ökonomisches und „staatsabwehrendes" Freiheitsverständnis zu verändern und zu realisieren: Die Freiheit hat auch elementare Freiheitsvoraussetzungen, die bewahrt werden müssen. Auch die Freiheit künftiger Generationen und von Menschen in anderen Erdteilen muss mitgedacht werden. Doch was folgt daraus?

Bei den elementaren Freiheitsvoraussetzungen wie Nahrung, Zugang zu Wasser etc. ist eine Gleichbehandlung wie bei Freiheitsrechten nötig dahingehend, dass jeder ein bestimmtes absolutes Mindestmaß von etwas zugesprochen bekommt. Wie gesehen wäre andernfalls für Arme die Freiheit wertlos, und liberale Verfassungen garantieren doch gerade gleiche Freiheitsrechte. Dieses „gleiche Existenzminimum" (eine analoge Kategorie wären die Grundbedürfnisse) bedeutet konkret zweierlei: Es muss jeder ein Mindestmaß an Energie zur Verfügung haben – es müssen allerdings auch alle (denn auch dies ist elementar) vor einem verheerenden Klimawandel möglichst geschützt werden. Dies erzwingt auch Beschränkungen der Begüterten, um das Mindestmaß für alle aufzubringen. Daran lassen sich zwei Argumente für global gleiche und eng begrenzte Pro-Kopf-Emissionsrechte anknüpfen.

– Der Treibhausgasausstoß muss massiv verringert werden, und gleichzeitig ist jeder Mensch auf die Freisetzung wenigstens einer gewissen Menge von Treibhausgasen zwingend angewiesen – und dies macht es zumindest nahe liegend, mit Ungleichheiten bei der Verteilung vorsichtig zu sein.

– Wichtiger noch erscheint folgendes: Wenn ein öffentliches Gut wie das Klima monetarisiert wird, erscheint es plausibel, den „Erlös" möglichst allen zu gleichen Teilen zuzuwenden – denn hier kann niemand für sich reklamieren, dass er eine besondere „Leistung" zur Erzeugung dieses Gutes vollbracht habe.

Nicht allgemein „gleicher Wohlstand", aber sehr wohl gleiche Treibhausgasemissionsrechte für alle liegen daher nahe. Die gleiche Freiheit und das – wie gesehen ebenfalls aus der Freiheit folgende –Verursacherprinzip gelten aber eben nicht nur hier bei uns, sondern auch global und generationenübergreifend. Es geht auch um deren Freiheit, auch wenn der damit angezeigte nachhaltige, also weltweit und dauerhaft praktizierbare Lebensstil uns in manchem ein Umdenken abverlangt (Autofahrten, Urlaubsflüge, hoher Fleischkonsum, Häuser im Grünen könnten seltener werden). Wenn wir als Europäer freilich insgesamt bisher „zu viel verbrauchen" und einige besonders stark über der Pro-Kopf-Marge liegen, müssen diese auch besonders stark in die Pflicht genommen werden.

30. „Wir verursachen seit 200 Jahren den Klimawandel; wegen dieser historischen Emissionen wäre es ungerecht, den Süden jetzt sofort zum Klimaschutz zu verpflichten"

Aber ist das Ganze nicht trotzdem ungerecht gegenüber den Entwicklungsländern? Da wir bereits gesehen haben, wie der globale Klimaschutz allen Menschen nützt, ist die Antwort: nein – ungerecht wäre vielmehr, keinen konsequenten Klimaschutz zu betreiben. Globaler Klimaschutz kann die Interessen der Menschen in den Entwicklungsländern, wie wir sahen, gerade berücksichtigen – Armut und Klimawandel werden so gemeinsam angegangen. Es gibt den Staaten-Emissionshandel und den Ökobonus gerade zugunsten der Entwicklungsländer. Und außerdem wäre ein ungebremster Klimawandel seinerseits für die Armen weltweit verheerend. Aber ist es gerecht, wenn die Emissionen der Industrieländer der letzten 200 Jahre nur durch einige Extraemissionsrechte für Entwicklungsländer und nicht in voller Höhe berücksichtigt werden? Ich meine: Das Gesamtmodell ist gerecht und berücksichtigt in hohem Maße die Belange der Entwicklungsländer. In jedem Fall wäre es nicht im Sinne der nachhaltigen Freiheitssicherung durch Klimaschutz, wenn man jetzt schlicht China, Indien usw. ebenfalls 150 Jahre „ungebremste" Treibhausgasfreisetzung erlaubt, was die Lebensgrundlagen künftiger Generationen weltweit zerstören würde. Aber auch ein nachträgliches Abgelten vergangener historischer Emissionen erscheint nicht in voller Höhe angemessen.

– Man kann nicht ohne weiteres sagen, dass die Industriestaaten genau den in der bereits freigesetzten Treibhausgasmenge liegenden „Vorteil" genossen hätten. Denn Länder wie China oder Indien profitieren ihrerseits von diesen „Vorteilen", denn durch Import der im Westen entwickelten Wirtschaftsformen und Technologien können sie nun vergleichsweise rasch ein akzeptables Wohlstandsniveau erreichen.

– Außerdem führt die Berücksichtigung der historischen Emissionen – und die Frage, wie hoch diese denn nun genau waren – in eine komplexe Diskussion, welche Vor- und Nachteile die verschiedenen Länder durch die komplexen welthistorischen Entwicklungen der letzten Jahrhunderte gehabt haben mögen. Es wird deshalb nicht gelingen, irgendeine „historische Schuld" wirklich präzise in Emissionsrechten abzubilden. Deshalb die Annäherung im Geiste einer teilweisen Kompensation.

– Am wichtigsten erscheint jedoch folgendes: Historische Emissionen beziehen die Vor- und Nachteile bereits verstorbener Individuen ein; damit werden Nationen als Kollektive betrachtet. Wenn der oben eingenommene Gerechtigkeitsansatz „nur Freiheit und Freiheitsvoraussetzungen" überzeugend ist, ist dies jedoch unstimmig. Ich bin nicht mein Urgroßvater, und ich hafte auch nicht umstandslos für seinen Lebensstil. Deshalb ist eine eingeschränkte Berücksichtigung historischer Emissionen und außerdem der Adaptationskosten – über Extraemissionsrechte für Entwicklungsländer über die Pro-Kopf-Verteilung hinaus und gleichzeitig weniger Emissionsrechte für Industrieländer – einfacher, unbürokratischer und sinnvoller.

Einige Alternativvorschläge[63] zum vorliegend verfolgten Gesamtkonzept, wenn sie nicht wie häufig bloß eine Art bescheidene Fortschreibung von Kyoto sind, legen zwar gleiche Emissionsrechte zugrunde, wollen diese aber anhand von historischen Emissionen und geografischen Gegebenheiten, bereits vorhandener Energieversorgung und der ökonomischen Struktur der einzelnen Länder modifizieren. Dies wäre allerdings zu kompliziert und würde einen enormen bürokratischen Aufwand nach sich ziehen. Wie will man etwa die Vor- und Nachteile verschiedener geographischer Gebiete treffend und abschließend gegeneinander abwägen? Es wiederholen sich zudem andere Probleme, die bei den historischen Emissionen eben erwähnt wurden. Auch der zuweilen von den Umweltverbänden diskutierte *Greenhouse-Development-Rights*-Ansatz, der das (so ziemlich missverständliche) Recht auf Entwicklung zum zentralen Aspekt der Klimagasreduktion macht, ist keine überzeugende Alternative.[64]

31. „Klimaschutz führt in Deutschland zu sozialer Ungerechtigkeit – die Förderung von Pendlern, Häuslebauern und billigen Brennstoffen ist dagegen gerecht"

Eine entschlossene Klimapolitik mag intergenerationell und global gerecht und zudem gesamtökonomisch eindeutig empfehlenswert sein. Aber ist das Ganze nicht gegenüber den sozial Schwächeren hierzulande jetzt und heute ungerecht? Kann eine Familie mit Kindern wirklich die höheren Baukosten für ein klimapolitisch korrektes Passivhaus oder für den energieeffizienteren DVD-Player stemmen, selbst wenn sich das Ganze in vielen Fällen nach längerer Zeit amortisieren mag – oder was ist mit der täglichen Autofahrt? Noch einmal: Dieses Problem mildert der Ökobonus jetzt gerade. Außerdem wäre ein Hineinlaufen in Klimawandel, steigende Energiepreise durch fossile Brennstoffe und Auseinandersetzungen um Ressourcen seinerseits eine soziale Katastrophe – auch für in Europa lebende Menschen.

Da Klimapolitik folglich Sozialpolitik ist, wäre es dagegen wie gesagt keine gute Idee, Sozialpolitik durch das Mittel „weniger Klimapolitik" betreiben zu wollen. Deshalb sind und bleiben lieb gewonnene Fördermechanismen wie die staatliche Förderung des Pendelns oder des Hausbaus auf der grünen Wiese (was mit hohem Heiz- und Transportenergieeinsatz verbunden ist) antiquiert und sind abzulehnen. Auch wenn wir das gerne vergessen, sobald wir nicht „über Klimapolitik", sondern „über Wirtschafts- und Sozialpolitik" diskutieren. Sowohl klimaförderliche als auch klimaschädliche (!) Förderprogramme und Steuererleichterungen nützen übrigens nur denjenigen, die bereits über ein gutes Einkommen verfügen. Dagegen werden die Kosten solcher Programme auch von armen Steuerzahlern getragen. Das vermeidet das System Emissionshandel mit Ökobonus gerade. Davon abgesehen: Auch ohne Klimapolitik kann sich nicht jeder einen Ferrari oder einen Flug nach Teneriffa leisten.

32. „Klimaschutz schränkt die wirtschaftliche Freiheit zu sehr ein"

Man könnte eine weitere moralisch-rechtsprinzipielle Gegenargumentation zu einem ausgeweiteten Klimaschutz versuchen und sagen: Eine echte Klimawende schränkt die Freiheit der Bürger zu sehr ein – besonders die wirtschaftliche Freiheit. Dem ist jedoch mit Nachdruck entgegen zu halten: Es geht nicht nur um meine Freiheit und nicht nur um die wirtschaftliche Freiheit. Es geht um die Freiheit der Menschen weltweit und auch der künftigen Generationen. Zudem ist eine Klimapolitik via Emissionshandel relativ freiheitsschonend: Man entscheidet dann für sich, wie man Energie spart und wo sich dies am meisten lohnt. Und das globale Klimaschutzkonzept verhindert gerade größere ökonomische Verwerfungen, die sonst durch die Folgen des Klimawandels entstehen dürften.

Wir werden im Folgenden noch etwas genauer sehen, dass ein solcher „Kompromiss" mit der wirtschaftlichen Freiheit ausreicht, um diese zu wahren. All das hier Herzuleitende gilt dabei jedenfalls rechtlich wie moralisch.

Und es gilt für die gerechte Abwägung über eine globale Klimapolitik, aber auch über eine nationale und europäische Klimapolitik.

Gleichwohl ist in aller Deutlichkeit klarzustellen: Die menschenrechtliche Freiheit macht Abwägungen zwischen gegenwärtigen und künftigen Freiheitsbelangen notwendig.[65] Denn dass die Freiheit des einen mit der Freiheit des anderen kollidiert, passiert notwendigerweise jeden Tag, und dann muss man abwägen. Ich möchte eben Dinge tun, die jemand anders nicht möchte, und umgekehrt. Der eine will Auto fahren, der andere möchte in 50 Jahren nicht Hochwasserkatastrophen ausgesetzt sein. Wenn die Freiheit der richtige Grundgedanke ist und ergo optimal zur Geltung gebracht werden soll, müssen die nötigen Abwägungen aber auch Regeln folgen, die dem Freiheitsprinzip optimal dienen. Einige solche Regeln werde ich im weiteren Verlauf herleiten. Diese werden es aber nicht vermeiden können, dass es Abwägungsspielräume gibt: Es gibt also meist nicht nur eine, sondern mehrere – allerdings nicht beliebig viele – akzeptable Abwägungsergebnisse. Die beliebte Formel „die Freiheit des einen endet dort, wo die Freiheit des anderen beginnt", ist also mindestens missverständlich: Sie legt fälschlich nahe, dass Freiheiten sich nie überschneiden und dass es auf jede soziale Konfliktlage einzig und allein eine richtige Antwort gibt.

Abwägungen sind also nichts Beliebiges, und sie sind auch nichts Sensationelles. Auch indem die Politik die Industriegesellschaft zulässt, Industrieanlagen genehmigt, den Autoverkehr zulässt, nimmt sie sehenden Auges statistisch Tote, also Beeinträchtigungen des Rechts auf die elementaren Freiheitsvoraussetzungen, in Kauf. Etwa durch Krebserkrankungen. Jedenfalls langfristig und oft auch im Zusammenwirken mit anderen Ursachen wie Rauchen oder schlechter Ernährung. Dies geschieht in Abwägung des Gesundheitsschutzes mit unser aller Konsumfreiheit und mit der wirtschaftlichen Freiheit. Da es keine allgemeine Formel „Schädige niemanden“ gibt (weil letztlich jede Handlung immer irgendwie dem einen nützt und dem anderen schadet), ist dies für sich genommen aber gerade nicht skandalös. Das Absurde liegt vielmehr in Schizophrenien wie „wir wollen mehr Klimaschutz und trotzdem ständiges Wirtschaftswachstum“ – davon müssen wir wegkommen, auch wenn diese Widersprüchlichkeit absolut menschlich ist.

Allerdings kommt man in klimapolitische Abwägungen überhaupt erst hinein, wenn die Freiheitsgarantien – etwa die der künftigen Generationen – auch vor „unsicheren“ Beeinträchtigungen wie dem Klimawandel, dessen Einzelheiten ja noch nicht exakt absehbar sind, schützen, also, in umweltrechtlichen Begriffen gesprochen: neben der Gefahrenabwehr auch die Vorsorge umfassen. Das wird unter deutschen Juristen meist verneint, ich würde es aber bejahen. Würden wir etwa mit dem Klimaschutz abwarten, bis letzte Zweifel an der anthropogenen Verursachung des Klimawandels beseitigt sind, wäre es für Abhilfemaßnahmen zu spät. Den elementaren Freiheitsvoraussetzungsrechten auf Leben, Gesundheit und Existenzminimum würden dann aber irreversible Schäden drohen. Damit aber wäre die durch sie garantierte Freiheit das Papier nicht wert, auf dem sie steht. Und Freiheit soll doch gerade dort schützen, wo die Gefährdungen drohen.

Zuständig für nötige Abwägungen ist grundsätzlich die demokratische Mehrheit. Denn die Demokratie ist zwar neben der Freiheit das zentrale Grundprinzip eines freiheitlichen Zusammenlebens: Das in der Freiheit steckende Selbstbestimmungsprinzip impliziert, dass auch Konflikte zwischen den Freiheitssphären mehrerer Menschen so gelöst werden sollten, dass die Menschen selbst die Konfliktlösung über gewählte Vertreter bestimmen. Und wähl- und abwählbare Entscheider sind an sich eine gute Freiheitsgarantie. Dass die Demokratie dennoch ohne eingrenzende Abwägungsregeln ungerecht werden würde, illustriert ein einfaches Beispiel: Insbesondere die beim Klimaschutz sehr wichtige Generationengerechtigkeit, die andernorts mehrfach näher betrachtet wurde, spricht gegen die radikale Demokratie. Denn die Demokratie ist für künftige und junge Menschen kein Akt der Selbst-, sondern der Fremdbestimmtheit. Denn sie sind heute keine Beteiligten der Demokratie. Und die oben beschriebene Vernachlässigung von Langzeitinteressen ist gerade ein Kardinalproblem der Gerechtigkeit. Deshalb braucht die Freiheit künftiger Generationen komplexere Institutionen als ein bloßes Mehrheitsprinzip, zunächst einmal die Gewaltenteilung. Werden die herzuleitenden Abwägungsregeln verletzt, kann dann ein Gericht die getroffene demokratische Entscheidung beanstanden. Richtigerweise sollte das national, aber auch international so laufen. Leider sind die Gerichte klimapolitisch ähnlich verschlafen wie die Politik. Anders als in der Sicherheitspolitik.

Wenn die geäußerte, unten noch zu belegende Vermutung zutrifft, dass die Selbstbestimmung respektive die neu interpretierte Freiheit – und alles, was daraus folgt – das einzige begründbare Gerechtigkeitskriterium ist, kann man auch relativ leicht eine erste Abwägungsregel angeben. Sie handelt davon, welches das (allein) zulässige Material gerechter Abwägungen ist: nämlich eben die Freiheit aller Beteiligten, die wie gezeigt die elementaren Freiheitsvoraussetzungen einschließt. Neben diesen Menschenrechten sind solche Belange zulässige Abwägungsgegenstände, die die Freiheit fördern, aber nicht zwingend für sie erforderlich sind und die deshalb – da nicht logisch im Freiheitsbegriff enthalten – keine Menschenrechte sind (Kulturförderung).[66] Für all dies spricht neben der alleinigen Begründbarkeit des Freiheitsprinzips auch: Nur so wird deutlich, dass sowohl autoritäre Freiheitsbeschränkungen als auch eine wirtschaftsliberal-postmoderne Ausblendung der Freiheitsvoraussetzungen unzulässig sind. Interventionen in Fragenkreise, die gar nicht die Freiheit mehrerer Menschen betreffen – also in den Bereich des guten Lebens –, sind damit ausgeschlossen. Die heute praktizierte Alternative, ganz allgemein „das Gemeinwohl“ zum Gegenstand staatlicher Abwägungen zu erklären, ist dagegen beliebig, inhaltsleer und potenziell autoritär.[67] Und „das Gemeinwohl“ zeigt auch nicht, um was es eigentlich geht: um unser aller Selbstbestimmung.

Mit alledem wird kein Individuum auf Kosten irgendeiner Gemeinschaft privilegiert. Es wird aber ganz deutlich, um was es mit dem Klimaschutz – oder auch mit Sozialpolitik – geht: um das Wohl und Wehe ganz konkreter Menschen und ihrer Selbstbestimmung. Und zwar aller Menschen weltweit und auf Dauer. Ohne Klimaschutz gibt es keine Freiheit.

33. „Beim Klimaschutz hat die demokratische Mehrheit freie Hand, beispielsweise im ‚Krieg gegen den Terror' muss sie sich dagegen an Grundrechte halten"

Die Entscheidung für oder gegen eine echte Klimawende ist also nicht dem Belieben von Mehrheiten oder souveränen Staaten überlassen, auch wenn viele das glauben oder gar hoffen. Die gängige politische Vorstellung, dass beispielsweise Sicherheitspolitik ein Menschenrechtsproblem ist, Klimaschutz aber nicht, ist folglich unzutreffend. Vielmehr muss, wie eben gesehen, das Abwägungsmaterial politischer Entscheidungen stimmen – und es stimmt beispielsweise nicht, wenn wie bisher die Freiheit zukünftiger Generationen in den Überlegungen im Wesentlichen gar nicht auftaucht. Es müssen auch bestimmte weitere Abwägungsregeln eingehalten werden, die sich aus dem Freiheitsprinzip herleiten lassen. Dabei bleiben erhebliche politische Gestaltungsspielräume, aber eben keine beliebigen.

Zwei nahe liegende Abwägungsregeln sind beispielsweise: Es dürfen nicht die Belange eines Kreises von Menschen radikal einseitig zurückgestellt werden; und es muss so gehandelt werden, dass die freiheitliche Ordnung nicht die Voraussetzungen für ihren Fortbestand zerstört. Beide Regeln werden durch die bisherige, vor allem der wirtschaftlichen Freiheit geschuldete Klimapolitik missachtet. Ebenfalls eine Abwägungsregel ist das erwähnte „Verursacherprinzip" – das die Klimapolitik ebenfalls bisher zu wenig beachtet, wenn teilweise die einen das Klima schädigen dürfen und die anderen die Folgen tragen.

Aus dem moralischen und rechtlichen Freiheitsprinzip der Menschenrechte besteht also eine Pflicht zu einer echten Kli-

mawende. Das heißt natürlich nicht, dass genau das in diesem Buch vorgeschlagene Klimakonzept zwingend ist. Seine Grundintentionen dürften gleichwohl unausweichlich sein. Denn ein Ziel wie „etwa 0,5 Tonnen CO_2 pro Mensch weltweit bis 2050" ist nicht etwa ein ökologisches Maximalziel, sondern eher eine moderate Lösung, die immer noch erhebliche Klimawandelsschäden hinnimmt. Das Kopenhagen-Protokoll wird hinter dieser moderaten Lösung weit zurückbleiben und verletzt damit grundlegende Abwägungsregeln. Dabei ist auch zu berücksichtigen, dass die Gleichverteilung bei den Emissionsrechten aufgrund der Fundamentalität von Klimastabilität und Energiezugang als elementare Freiheitsvoraussetzungen nur äußerst begrenzt abweichende Regelungen zulässt.

Es lassen sich noch eine ganze Reihe anderer Abwägungsregeln aus dem Freiheitsprinzip und dem Gedanken maximaler Freiheit für alle herleiten. So ergibt sich für Freiheitseingriffe auch die Notwendigkeit zu fragen, ob die Freiheitsverkürzung ihren jeweiligen Zweck überhaupt fördert und ob sie dies so tut, dass sie von allen konkurrierenden Prinzipien möglichst viel übrig lässt (Geeignetheits- und Erforderlichkeitsprüfung). Das heißt beispielsweise, dass Verbote im Klimaschutz problematisch sein können: Sie bringen eher weniger als ökonomische Anreizinstrumente wie der Emissionshandel – und gleichzeitig beschränken sie die Bürger stärker. Eine weitere Abwägungsregel lautet, dass die zugrunde liegenden Tatsachenannahmen stimmen müssen. Die Politik muss also beispielsweise die neueste Klimaforschung zugrunde legen, wenn sie wissen will, welche Gefahren der Freiheit künftiger Generationen drohen. Bei unsicheren Tatsachen wie dem Klimawandel besteht eine Pflicht, vorläufige Entscheidungen zu treffen und diese später zu überprüfen. Die Entscheidung im Rahmen der Abwägungsregeln bleibt dabei aber eine politisch-demokratische und keine naturwissenschaftliche Entscheidung.[68]

34. „Wie viel ich Auto fahre, fliege und Fleisch esse, ist allein meine Sache"

Man könnte jetzt allerdings mit der menschenrechtlichen Freiheit scheinbar gerade auch gegen die globale Klimawende argumentieren: Was geht es den Staat denn überhaupt an, wie ich lebe – und wird nicht genau das mit einer echten Klimawende plötzlich reglementiert? Dies muss man differenziert beantworten. Alles, was die Freiheit *mehrerer* Menschen und damit Konflikte zwischen den Entfaltungschancen *mehrerer* Bürger betrifft, nennt man Gerechtigkeitsfrage. Das kann dann nicht nur meine Sache sein. Was dagegen nicht die Freiheit mehrerer betrifft, ist Privatsache und geht den Staat nichts an; man nennt es eine Frage des guten Lebens.

Dabei werden durch den Klimawandel in der Tat bisher „rein private" Dinge allerdings zuweilen plötzlich zu Gerechtigkeitsfragen. Bisher wäre niemand auf die Idee gekommen, den Kauf von Transportenergie fressenden und unter unerträglichen Bedingungen produzierten Südfrüchten zu beschränken. Und genau eine solche Beschränkung würde der doppelte Emissionshandel bewirken; nicht durch ein Verbot, aber durch eine Preiserhöhung aufgrund der steigenden Energiepreise für fossile

Brennstoffe. Sicher mag mancher diese Art von „Konsumkritik“ als freiheitsfeindlich empfinden – noch diktatorischer ist freilich das „Weiter so“, mit dem wir die Voraussetzung der Selbstbestimmung für Millionen und Milliarden Menschen zerstören. Zumal ich eine Grundidee von Freiheitlichkeit nicht infrage stelle: Das äußere Verhalten darf Gegenstand politischer Verhaltenssteuerung sein, der innere Wunsch als solcher dagegen nicht. Betonung auf „als solcher“; es ist also jedem einzelnen überlassen, ob er auf höhere Energiekosten durch den vorgeschlagenen doppelten Emissionshandel so reagiert, dass er sagt „wie dumm, jetzt wird mir mein Teneriffa-Urlaub zu teuer“ oder ob er sagt „stimmt, eigentlich geht es mir innerlich ohne Teneriffa viel besser“. Das ist der Unterschied zwischen liberaler Demokratie und beispielsweise einem Gottesstaat.

V. Klimagerechtigkeit und Nachhaltigkeit

35. „Beim Moralproblem Klimawandel braucht man die Kirchen – Religion und Ethik seit der Aufklärung sagen alles Nötige zum Klimaproblem"

Aber können Wertungs-/Sollens-/Normaussagen objektiv richtig und gerecht sein? Lässt sich also das Freiheitsprinzip, das im letzten Kapitel die Argumentation getragen hat, zwingend als alleinige Basis der Moral herleiten, womit zugleich gezeigt wäre, dass sich liberal-demokratische Rechtsordnungen zu Recht von diesem Prinzip her organisieren? Und dass die Forderung gleicher Emissionsrechte weltweit keinen beliebigen, sondern einen zwingenden Ausgangspunkt hat? Immerhin ist doch ein postmoderner Relativismus in normativen Fragen mittlerweile fast schon zur Standardposition geworden. Oder genau umgekehrt gefragt: Wenn es schon um „Werte" gehen soll, beim Thema Klimawende oder anderweitig, sind dann statt der Moralphilosophie und Rechtstheorie nicht eher Religion und Kirchen gefragt, die die postmoderne Beliebigkeit ja immer standhaft kritisieren? Die damit angerissene Frontstellung „Postmoderne versus Papst" – oder „ökonomistische Freiheit und postmoderne Selbstverwirklichung versus individualismuskritischer Gemeinschaftsfokus" scheint die routinemäßige Frontstellung in allen möglichen öffentlichen Diskursen zu sein. Egal ob es um den Embryonenschutz oder um Oliver Kahns Affären geht. Also habe ich wohl für Kirche und Religion votiert, wenn ich den Klimawandel als Gerechtigkeitsproblem sehe? Nein, denn die Alternative Papst oder Postmoderne ist falsch.

Dass diese Alternativenbildung als solche wenig Sinn ergibt, zeigten schon unsere bisherigen Überlegungen. Fragen des guten Lebens (Oliver Kahns Affären) sind in der Tat nicht objektiv beurteilbar. Es fehlt dafür ein objektiver Maßstab; die öffentliche Diskussion über solche Fragen kann man sich ergo letztlich sparen. Umgekehrt sind Fragen, die die Freiheit mehrerer Menschen betreffen, vielleicht sehr wohl entscheidbar. Vorausgesetzt, wir können das Freiheitsprinzip – welches eben die Argumentationsbasis für die Herleitung objektiver Gerechtigkeitsaussagen war – als solches objektiv begründen. Dann hätte die Postmoderne mit ihrem Relativismus Unrecht. Nur beabsichtige ich das nicht religiös herzuleiten. Das wäre ein Kurzschluss.

Selbst in Mitteleuropa sieht man als Experten für Fragen nach grundlegenden Werten zwar immer noch oft zuerst die Kirchen. Ob es nun um Gentechnik, globale Gerechtigkeit oder Nachhaltigkeit geht. Doch Religion kann in einer pluralistischen Welt nicht mehr der gesellschaftliche Kompass für Richtig und Falsch sein. Religiöse Moral beruht auf Annahmen, die man glauben, aber nicht wissen kann: die Existenz Gottes und die Erkennbarkeit seiner Regeln für den Menschen.[69] Religion als kombinierte Instanz fürs gute Leben, Glauben, Moral und Tatsachenerkenntnis (einschließlich der psychologischen Deutung des Menschen): Dieser „historische Normalfall“ muss sich deshalb wohl oder übel auf seinen „Kernbereich“ zurückziehen, auf gutes Leben und Glauben, wo ihm die (normative oder deskriptive) Wissenschaft das Feld nicht streitig machen kann; denn Glaubenssätze lassen sich zwar nicht beweisen, aber auch nicht wissenschaftlich widerlegen, wie uns Kant gezeigt hat.[70] Für die Moral gilt dagegen: Die hinter dem modernen Recht stehende liberaldemokratische universalistische Moralphilosophie, die ich hier skizzieren und weiterentwickeln möchte – und zu der etwa Immanuel Kant, John Rawls und Jürgen Habermas zu zählen sind –, ist zwar in Teilen Erbin der Religion. Sie verzichtet aber auf unbelegbare metaphysische Hintergrundannahmen. Und sie kann universale moralische Grundprinzipien anders als die Religion ohne Glaubensannahmen begründen, wie wir sehen werden.

In jedem Fall brauchen wir einen solchen kritischen Kompass für Recht und Gesellschaft auch und gerade heute noch, auch wenn Moral – ebenso wie Religion – historisch immer wieder missbraucht worden ist. Einen solchen Kompass können rein deskriptive sozial- oder naturwissenschaftliche Denksysteme nicht liefern. Denn aus empirischen Messungen und Beobachtungen zum Klimawandel folgt normativ für sich genommen nichts. Man benötigt vielmehr eine Norm, die zeigt, dass dieser Zustand normativ nicht wünschenswert ist. Die Frage nach der moralischen Begründbarkeit von Normen ist also keinesfalls überflüssig. Konkret dem Recht gegenüber zeigt die Moral günstigstenfalls, dass das Freiheitsprinzip und damit die oben entwickelten Ableitungen zu gleichen Emissionsrechten weltweit aus diesem Prinzip richtig sind. Das Recht selbst kann die Frage nach seinem Grund nämlich nicht und die Frage nach dem Inhalt seiner Grundprinzipien nur bedingt selbst beantworten.[71]

Übrigens kann man von der Religion trotz alledem auch heute noch viel lernen, ohne dass man dafür zwingend selbst religiös sein müsste: „Liebe Deinen Nächsten wie Dich selbst“ etwa als (nicht nur) christliche Zentralmaxime verrät gleich drei grundlegende – bei a und c empirische, bei b normative – Sachverhalte: (a) Andere zu akzeptieren ist schwierig, wenn man sich selbst nicht akzeptiert. (b) Die Fernen (also künftige Generationen oder Menschen in anderen Ländern), also die „nicht Nächsten“ sind der traditionellen Moral nicht so wichtig. (c) Auch der friedliche Umgang mit den direkten Mitmenschen ist stets prekär, weil Verteilungsfragen (etwa zwischen Arm und Reich) jederzeit auch gewalttätig gelöst werden können[72] – andernfalls wäre die Norm trivial-selbstverständlich und damit witzlos. Moral will nämlich gerade Konflikte lösen, deren Lösung nicht ohnehin total unkontrovers ist.

Die Religion kann also die eben entwickelte Freiheitskonzeption nicht allgemeinverbindlich begründen; sie kann allenfalls für mich ein persönliches Konzept des guten Lebens angeben, was dann aber gerade nicht allgemeinverbindlich sein kann. Irreführend wäre es aber auch, jetzt zu sagen: Alles für ein nachhaltigeres – also intergenerationell und global gerechteres – Zusammenleben Wesentliche ist dafür schon von der philosophischen Tradition von Platon bis Habermas gesagt worden. Die Erweiterung von Recht und Moral ins Intergenerationelle und Globale – strikt begründet und nicht als bloße Behauptung[73] – fehlt bei sämtlichen traditionellen Philosophen. Ebenso wie eine konsequente Begründung eines erweiterten Freiheitsverständnisses. Meiner Meinung nach wird nicht einmal die vieldiskutierte Grundfrage der Moral: ob denn objektive Moral überhaupt möglich ist, von der Tradition erfolgreich beantwortet. Kant etwa hoffte durchaus auf eine objektive Moralbasis, hatte letztlich aber den Eindruck, diese nicht liefern zu können. Bei einem „dogmatischen" und gerade nicht objektiven Ausgangspunkt bleiben auch die berühmten Philosophen John Rawls und (teilweise) Jürgen Habermas.[74]

36. „Moralische Ansichten über richtig/falsch und gerecht/ungerecht sind sowieso immer nur subjektiv; objektive Vernunft ist nur eine menschliche Einbildung"

Gibt es nun also eine sichere Basis, um das Freiheitsprinzip und mit ihm seine Folgerungen wie pro Kopf gleiche Emissionsrechte weltweit für universal zwingend zu halten? Kann man diese Universalität, also die Gültigkeit (nicht zu verwechseln mit der rein faktischen Akzeptanz!) *in* allen Gesellschaften nicht begründen, dann wäre die Freiheit und damit letztlich die gesamte obige Argumentation auf eine beliebige, also anfechtbare Grundlage gebaut. Einschließlich der Erweiterung des Freiheitsprinzips in intergenerationeller und globaler Hinsicht (global im Gegensatz zu universal meint das Verhältnis zwischen den Gesellschaften, also etwa zwischen Europäern und Afrikanern). Gibt es unter nachmetaphysischen, globalisierten, multikulturellen Bedingungen noch objektive, allgemeingültige Maßstäbe? Kann ich autoritäre oder totalitäre Regime und ihre Rechtssysteme kritisieren, die womöglich einer „bestimmten Kultur" entspringen oder womöglich gar eine Mehrheit der Bevölkerung hinter sich haben (China, Russland)? Die Antwort auf diese Fragen ist dringlich, aber sie ist auch schwierig.

Dass Tatsachenaussagen *wahr* und damit objektiv rational sein können, wird selten bestritten, außer von radikalen Relativisten, und auch die handeln im wirklichen Leben selten nach dieser Einstellung. Weniger klar ist, ob auch moralisch-rechtliche Normen *richtig* und objektiv rational sein können. Es soll deshalb kurz skizziert werden, dass es rationale und damit objektive Normen gibt und dass die Freiheit dabei das Grundprinzip ist.[75] Man muss dazu vorab folgende Begriffe verstehen:

– „Objektiv" meint „nicht subjektiv", also nicht abhängig von bestimmten Perspektiven, kulturellen Hintergründen oder Einstellungen – also universal und überall gültig.

– Vernunft respektive Rationalität meint die Befähigung, Fragen mit Gründen, also objektiv, zu entscheiden. Geht es um die Frage nach der Gültigkeit von moralisch-rechtlichen *Normen* – hier die Freiheit und die Abwägungsregeln –, spricht man von normativer Vernunft. Dagegen handeln die instrumentelle[76] und die theoretische Vernunft von Fakten. Die instrumentelle Vernunft handelt davon, welche Mittel eine als richtig vorausgesetzte Norm, etwa ein bestimmtes Klimaziel, am wirksamsten umsetzen (etwa der Emissionshandel). Die theoretische Vernunft handelt von Faktenermittlung ohne konkreten Handlungsbezug (etwa die naturwissenschaftliche Klimaforschung).

Ob es objektiv gültige (also rational belegbare) Normen und Tatsachen gibt, hat dabei *nichts* mit der – zutreffenden – Beobachtung zu tun, dass uns Menschen rein faktisch bei der

Tatsachen- und Normerkenntnis immer wieder unsere subjektiven Sichtweisen in die Quere kommen. Diese Neigung zur „subjektiven Brille“ haben wir natürlich! Doch beweist das keineswegs, dass Objektivität – etwa durch sorgfältige Prüfung und Diskurs mit anderen – schlechthin unmöglich ist.[77] An einem Tatsachen-Beispiel erläutert: Es mag sein, dass es Naturwissenschaftler gibt, die sich pro oder contra Vorliegen eines vom Menschen verursachten Klimawandels äußern, weil sie sich davon finanzielle Vorteile versprechen. Ihre Aussagen wären damit nicht objektiv, sondern subjektiv verzerrt. Daraus folgt aber in keiner Weise, dass man nicht auch objektiv und unverzerrt Erkenntnisse zum Klimawandel gewinnen kann.

Für Normen (anders als für Tatsachenfragen wie die nach den besten klimapolitischen Instrumenten) bestreiten viele Ökonomen, Soziologen und Politologen schlicht die Möglichkeit objektiver Aussagen. Diese Argumentation ist sehr wichtig, denn Ökonomen dominieren zunehmend die sozialwissenschaftliche Beratung der Klimapolitik. „Norm“ ist für den Standard-Ökonomen einfach das, was der einzelne Mensch rein faktisch wünscht (Präferenz). Rational seien dann allein quantifizierende (!) Abwägungen, die die ihrerseits nicht rational überprüfbaren Präferenzen in eine einheitliche „Währung“ (Geld) brächten und sie damit vergleichbar machten. Wenn ein Ökonom nach der richtigen Klimapolitik fragt, würde er also nicht fragen: Welchen klimapolitischen Rahmen geben die Freiheit, und zwar auch die Freiheit der räumlich und zeitlich weit entfernt Lebenden, und die aus der Freiheit ableitbaren Abwägungsregeln vor, in dessen Rahmen dann verschiedene politische Entscheidungen denkbar sind? Ökonomen würden vielmehr üblicherweise fragen: Wie viel würden die heute lebenden Menschen für ein stabiles Globalklima zahlen; was wäre also der Marktpreis des Klimas? Und was würde man umgekehrt für den Wunsch zahlen, unbegrenzt Auto fahren oder nach Mallorca fliegen zu dürfen? Wobei eine solche Präferenztheorie dann meinen kann: Richtig ist, worauf sich alle einigen können. Oder: Richtig ist, was sich als mathematischer Durchschnitt der jeweils in Geld ausgedrückten Präferenzen ergibt. Politologen meinen demgegenüber häufig eher: Richtig sind einfach die faktischen Präferenzen der jeweiligen Mehrheit.

Dieser ganze Ansatz ist die Basis dafür, wie viel Klimaschutz Ökonomen heute für objektiv richtig halten; sie sagen dazu oft auch „effizient".[78] Jedes andere Vorgehen, insbesondere eine normative Argumentation wie in diesem und im letzten Kapitel, wird dabei letztlich für unwissenschaftlich und irrational erklärt. Gegen diesen „Ökonomen-Ansatz" sprechen jedoch schwerwiegende Einwände, nicht nur, aber auch beim Klimaschutz:

– Unser rein faktisches Wollen ist nach diesem Ansatz per se richtig. Einen Prüfstein für die Realität gibt es damit nicht mehr. Moral ist dann per se witzlos.

– Doch wir stehen nicht nur vor einem praktischen, sondern auch vor einem logischen Problem. Denn es liegt ein Sein-Sollen-Fehlschluss vor: Warum sollten unsere rein faktischen Präferenzen (Sein) per se als richtig gelten (Sollen)?

– Sollen nach diesen Maßstäben dann beispielsweise auch mehrheitlich gewollte Diktaturen als gerecht gelten? Und soll die faktische Ignoranz etwa gegenüber den Belangen künftiger Generationen, die heute noch keine Präferenz äußern können, damit per se in Ordnung sein?

– Plädiert man für Mehrheits- statt für Durchschnittspräferenzen, stellt sich die weitere Frage: Wessen Präferenzen sind überhaupt gemeint: Dürfen 50,1 % einer Gesellschaft beliebige Entscheidungen treffen, oder 73,4 %, oder 84,5 %? Und warum überhaupt sollte die Mehrheit per se immer Recht haben, ohne dabei durch irgendwelche Rahmensetzungen (wie sie die liberale Demokratie in Gestalt von Freiheitsgarantien vorsieht) gehindert zu sein?

– Dass außerdem die relevanten Belange und die nötigen Abwägungen der Belange untereinander nicht adäquat über Preise abgebildet werden können, ist Thema des nächsten Abschnitts.

– Entscheidend ist aber folgender Punkt: Die Präferenztheorie der Gerechtigkeit enthält einen Selbstwiderspruch. Denn wer sagt, es gebe keine allgemeinen normativen Sätze, und deshalb müsse allgemein auf Präferenzen abgestellt werden, stellt selbst eine allgemeine Aussage über Normen auf. *Die Aussage „alles ist relativ bei Normen" widerlegt sich also selbst. Objektive Moral ist eben gerade doch möglich; ihre Leugnung widerspricht sich selbst.*

All das heißt natürlich nicht, dass eigennützige Präferenzen für die tatsächliche Durchsetzung von Klimaschutz nicht eine wesentliche motivierende oder hemmende Rolle spielen. Festgestellt wurde hiermit lediglich, dass auf diese Weise keine moralisch-rechtsprinzipielle Fundierung etwa des Klimaschutzes geleistet werden kann. Dies kann nur das Freiheitsprinzip einschließlich seiner Abwägungsregeln. Nur dieses Prinzip kann künftige Generationen einbeziehen, kommt zudem auch ohne logische Unstimmigkeiten der eben dargestellten Art aus, bewahrt dabei aber die Grundintention – jeder soll über sich selbst bestimmen können – und leitet sie allererst zwingend her.

Warum aber sollte gerade das Freiheitsprinzip der Kern der Moral sein? Und warum sollte so eine Aussage „objektiv" sein können? In aller Kürze dazu folgende Überlegung. In einer pluralistischen Welt streitet man notwendigerweise über normative Fragen. Selbst Fundamentalisten und Autokraten tun dies unweigerlich zumindest gelegentlich. Und sie bedienen sich dabei der menschlichen Sprache. Wer aber mit Gründen (also rational, also mit Worten wie „weil, da, deshalb") streitet, also in normativen Fragen Sätze „X ist richtig, weil Y" formuliert, setzt logisch (1) die Möglichkeit von Objektivität in der Moral und (2) die Freiheit voraus, ob er das nun faktisch will oder nicht:

1. Wir setzen logisch voraus, dass normative Fragen überhaupt mit Gründen und ergo objektiv und nicht nur subjektiv-präferenzgesteuert entschieden werden können; sonst widersprechen wir uns selbst. Wir setzen das sogar jeden Tag voraus, wenn wir normative Thesen aufstellen und diese begründen, also mit dem Anspruch auf objektive Einsehbarkeit kennzeichnen (anstatt sie nur als subjektiv zu präsentieren). Und es dürfte nahezu unmöglich sein, ein Leben lang nie Sätze mit „weil, da, deshalb" zu normativen Fragen zu formulieren. Damit ist kein Entkommen vor der grundsätzlichen Möglichkeit (!) von Objektivität in normativen Fragen. Wir setzen die Möglichkeit objektiver Aussagen aber auch dann logisch voraus, wenn wir sagen: „Ich bin Skeptiker und sage, es gibt objektiv nur subjektive Aussagen über Moral". Diese Aus-

sage kann nur gültig sein, wenn es eben doch Objektivität gibt. Damit hebt sich die Kritik an der Objektivität logisch selbst auf.

2. Wir setzen ferner logisch voraus, dass die möglichen Diskurspartner gleiche unparteiische Achtung verdienen. Denn Gründe sind egalitär und das Gegenteil von Gewalt und Herabsetzung; und sie richten sich an Individuen mit geistiger Autonomie, denn ohne Autonomie kann man keine Gründe prüfen. Niemand könnte sagen „Meine These X und ihre Begründung würde zwar von Herrn P leicht widerlegt werden können, du, lieber Q, solltest sie als Dummkopf aber glauben.“ Und es würde auch niemand sagen können: „Nachdem wir P zum Schweigen gebracht hatten, konnten wir uns endlich überzeugen, dass X ein guter Grund für Y ist.“ Es widerspricht mithin gerade dem Sinn von „Gründen“, das Begründen als relativ zur Person des Adressaten zu verstehen – ein Grund *überzeugt* und kann *von jedem eingesehen* werden. Jemand, der in einem Gespräch über Gerechtigkeit Gründe gibt (also Sätze mit „weil, deshalb, da“ spricht), dann aber dem Gesprächspartner die Achtung streitig macht, widerspräche ergo dem, was er selbst logisch voraussetzt.

Folgerichtig muss der, der sich einmal auf den Streit über Gerechtigkeit mit Gründen *und damit auf die Vernunft* einlässt, den Partner als Gleichen achten – einerlei, ob er sich der Implikationen seines Be-Gründens bewusst ist oder ob er etwa zu bloßen Überredungszwecken zu diskutieren meint, denn es geht ja um streng *logische Implikationen* unseres Sprechens (nicht dagegen um unser rein faktisches Selbstbild, aus dem für sich genommen gar nichts folgt). Die somit vernunftgebotene Achtung vor der Autonomie als Selbstbestimmung muss nun aber gerade dem *Individuum* gelten und damit *Respekt vor der individuellen Autonomie* sein: Kollektive als solche sind nämlich gar keine möglichen Diskurspartner. Dieses ist vielmehr der einzelne argumentierende Mensch.

Dies ist die Begründung für das Prinzip der Achtung vor der Autonomie der Individuen (*Menschenwürde*[79]). Ergänzend, aber davon kaum unterscheidbar ist damit letztlich zugleich auch das Prinzip begründet, dass Gerechtigkeit Unabhängigkeit von subjektiven Perspektiven meint (*Unparteilichkeit*). Aus ihnen wiederum folgt das Recht auf Freiheit für alle Menschen.[80] Und zwar nur das Freiheitsprinzip; mangels zwingender Begründung können andere Prinzipien mit ihm folglich nicht in Konkurrenz treten. *Deshalb ist die gleiche freiheitliche Selbstbestimmung mitsamt den sie fördernden Umständen das alleinige Kriterium der Gerechtigkeit. Wer überhaupt Mensch ist, setzt nach alledem (nur) das Recht auf Selbstbestimmung für alle ergo notwendig voraus.* Und dieses Recht auf Freiheit gilt für alle Menschen, auch wenn ich nie mit ihnen rede. Denn Gründe in Gerechtigkeitsfragen (anders als Äußerungen in privaten oder ästhetischen Fragen) richten sich an jeden, der sie potenziell widerlegen könnte – womit ich *alle* Menschen als zu Achtende anerkennen muss, sobald ich denn überhaupt manchmal im Leben in Gründen spreche; und das tut jeder. Dies macht als Kontrollüberlegung wiederum ein Exempel deutlich. Niemand könnte ernstlich sagen: „Der abwesende Herr P könnte meine Thesen zwar jederzeit widerlegen – du aber solltest sie wegen deiner Dummheit glauben." Wer so etwas sagt, hätte gerade *nichts* begründet. Das Freiheitsprinzip ist also universal begründet. Und weil potenzielle Diskurspartner erfasst sind, muss ich auch räumlich und zeitlich entfernt lebenden Menschen Freiheit zugestehen. Das war das angedeutete zweite Argument für deren Freiheit – neben dem Gedanken, dass Freiheit als solche Schutz genau dort impliziert, wo der Freiheit die Gefahren drohen. Und dies alles war ja wiederum die Grundlage für pro Kopf gleiche Emissionsrechte weltweit.

37. „Nur Ökonomen können uns objektiv sagen, warum Klimaschutz richtig ist und wie wir zwischen kollidierenden Interessen abwägen müssen"

Als Ökonom quantifiziert man üblicherweise einfach alle betroffenen Belange und errechnet dann mathematisch, welches Maß an Klimaschutz das „richtige" ist. Doch damit kann man strukturell den Klimaschutz nicht begründen, wie wir eben sahen. Es gibt ein weiteres Problem: Die Berechnung von Klimawandelkosten (und im Vergleich dazu Klimapolitikkosten) lenkt davon ab, dass sich wesentliche Dinge nicht in Geldeinheiten quantifizieren lassen[81], etwa massive Schäden an Leben und Gesundheit für viele Menschen. Und die Abwesenheit von Schäden an Leben und Gesundheit durch den Klimawandel hat keinen Marktpreis, ebenso wenig wie der Frieden im Sinne von „Abwesenheit von Auseinandersetzungen um Ressourcen"; damit kann beides jedoch nicht sinnvoll quantitativ mit den wirtschaftlichen Effekten von Klimawandel und Klimapolitik verrechnet werden. Dabei können auch Belange ohne Marktwert nicht künstlich einen erhalten, wie dies Ökonomen praktizieren. So kann das Gewicht des Klimaschutzes etwa nicht über die „hypothetische Zahlungsbereitschaft" der Bürger für Leben und Gesundheit (in Abwesenheit von Klimaturbulenzen und Ressourcenkonflikten) geklärt werden. Dies gilt allein schon deshalb, weil jene Bereitschaft fiktiv und daher wenig informativ ist. Überdies ist die Zahlungsbereitschaft naturgemäß durch die Zahlungsfähigkeit beschränkt und würde dann beispielsweise zu dem bemerkenswerten Ergebnis führen, dass Bill Gates' Interessen extrem viel mehr wert sind als die eines Bangladeschis, weil Bill Gates viel und der Bangladeschi gar nichts zahlen kann.[82] Von alledem abgesehen sind zukünftige ungewisse Ereignisse so oder so nur schwer in präzise Kostenrechnungen integrierbar.[83] Davon abgesehen: Wenn man schon rechnet, sollte man wenigstens die wirklich monetären Kosten, soweit sie erkennbar sind, vollständig anzugeben versuchen. Wo aber ist in all den ökonomischen Modellen die Einbeziehung der militärischen Kosten, die die westlichen Länder für die Fortführung unseres Setzens auf fossile Brennstoffe haben werden?

Man kann das moralisch-rechtsprinzipiell richtige Maß an Klimaschutz also nicht ausrechnen. Auch wenn Ökonomen das tendenziell wohl glauben – und damit viel Einfluss haben, denn sie sind neben Naturwissenschaftlern die zweite große Forschergruppe im IPCC. Man muss vielmehr in den Grenzen der hergeleiteten Abwägungsregeln klimapolitisch schlicht und einfach immer eine *Entscheidung* treffen, international und national. Wie wir im letzten Kapitel sahen, muss das eine Entscheidung für deutlich mehr Klimaschutz als bisher sein. Etwa für (aber nicht zwingend genau für) das in den früheren Kapiteln vorgestellte globale Klimaschutzmodell. Soweit es im Rahmen der Abwägung um Güter mit einem Marktpreis geht, ist die ökonomische Forschung freilich eine sehr große Hilfe. Sie liefert dann Tatsachenmaterial für die Abwägung. Sie zeigt etwa, dass die konkreten monetären Klimaschäden wie Ernteausfälle oder Unwetterschäden teurer wären als eine effektive Klimapolitik.

Allerdings können auch diese rein ökonomischen Berechnungen zu Fehlvorstellungen verleiten, indem sie den Eindruck erwecken: Ökonomisch eigennützig denken wir doch alle, also werden wir schon aus Eigennutzen per se für einen weitreichenden Klimaschutz sein. Ich könnte jedoch auch ganz ignorant sagen: Was interessieren mich Klimaschäden in 50 Jahren – lieber habe ich heute billige Fernreisen! Das mag ökonomisch dumm sein, wie wir oben bereits sahen; wenn unsere Präferenzen unkritisierbar per se gültig sind, wäre daran aber moralisch nichts auszusetzen. Ökonomen legen mir eine solche Entscheidung sogar ein wenig nahe, weil sie regelmäßig sagen, künftige Schäden zählten weniger als heutige Schäden. Für mich selbst kann ich so etwas sagen, doch schädigen wir auch künftige Generationen, die heute keine Präferenz äußern können. Genau das ist das Kernproblem ökonomischer Ansätze: Die latente Fokussierung auf Eigennutzen und auf die Gegenwart führt zu einer Verzerrung, die weder theoretisch überzeugt, noch dem Klimaschutz dienlich ist.

38. „Globale klimapolitische Konzepte sind purer Kulturimperialismus gegenüber den Entwicklungsländern“

Autokraten weltweit brandmarken allerdings immer gern den „westlichen Kulturimperialismus“, wenn man mit den Menschenrechten argumentiert. Doch der eben dargestellte moralisch-rechtsprinzipielle Universalismus ist ebenso wenig „kulturimperialistisch“ wie die Idee einer globalen Klimawende mit gleichen Pro-Kopf-Emissionsrechten. Zunächst einmal: Die Idee gleicher Emissionsrechte wurde politisch erstmals von den Regierungen Pakistans und Indiens erhoben (welch kurioses Zusammentreffen übrigens), also von südlichen Ländern. Aber auch jenseits dessen überzeugt mich die oben genannte Kritik an dem geäußerten Konzept nicht.[84] In jedem Fall ist die gegebene Herleitung keine „von außen auferlegte“ oder gar „religiöse“ Vorgabe. Vielmehr geht es um eine Rekonstruktion dessen, was der Mensch logisch voraussetzt, wenn er lebt – und dabei zumindest gelegentlich in Gründen spricht. Das Gesagte impliziert auch deshalb keinen Kulturimperalismus, weil (erhebliche) Abwägungsspielräume zwischen kollidierenden Freiheitssphären für die Politik verbleiben. Außerdem bleibt der Bereich des guten Lebens, der sich dadurch auszeichnet, dass eben nicht die Freiheit mehrerer betroffen ist, nach der gesamten Herleitung völlig von einer Regulierung frei. Ferner sagt niemand, der hier vorgestellte Ansatz sei unfehlbar; natürlich ist er kritisierbar und offen für neue Einsichten; das gilt für jede Art von Erkenntnis, auch für naturwissenschaftliche Erkenntnis. Nur heißt Fallibilität eben nicht Subjektivität oder Beliebigkeit. Außerdem erfordern globale Probleme wie die Weltarmut (oder auch der Klimawandel) einfach Maßnahmen jenseits des nationalstaatlichen Horizonts. Abgesehen davon: Freiheit ist einfach das Grundprinzip der Menschenrechte – und sollen die Menschenrechte etwa von einer faktischen Anerkennung durch afrikanische oder asiatische Diktatoren abhängen?

Das universale Freiheitsprinzip kann auch nicht so kritisiert werden, dass man sagt: „Rein faktisch kommen Freiheit und Demokratie aber eben doch aus dem Westen" – oder „rein faktisch gibt es doch ganz verschiedene Vorstellungen davon, was rational ist". Dies ist zwar historisch-faktisch tendenziell zutreffend. Doch beweist ein Herkunftsnachweis oder eine sonstige faktische Beschreibung nicht, dass liberale Ideen nicht auch normativ rational richtig sind. Denn was sollte die rein faktische Erklärung der Herkunft einer Norm mit der Frage nach ihrer Richtigkeit zu tun haben? Letztlich liegt hier eine Verwechslung von faktischer Genese und normativer Geltung einer Aussage vor. Genesisargumente können als Ideologiekritik zwar stets ein erneutes Prüfen der Gültigkeit einer Norm bewirken – sie können Normen aber aus logischen Gründen niemals widerlegen. Natürlich gibt es rein faktisch verschiedene Kulturen und Gerechtigkeitskonzepte – das heißt aber nicht, dass sie alle deswegen auch gleichermaßen richtig sind.[85]

39. „Nachhaltigkeit ist eine Leerformel, die uns nicht weiterhilft“

Meine gesamten Vorschläge könnte man auch als eine Konzeption der Nachhaltigkeit bezeichnen. Nachhaltigkeit wird seit 20 Jahren international immer öfter als Kernziel von Politik benannt. Aber ist „Nachhaltigkeit“ nicht einfach ein völlig inhaltsleeres grünes Mäntelchen, das sich heute jeder nach Belieben umhängt, bis hin zu Wortschöpfungen wie „nachhaltige Braunkohlenutzung“? An sich: nein. Natürlich gibt es viel Missbrauch, aber das Prinzip Nachhaltigkeit ist von größter Bedeutung. Die Ausweitung der Perspektive von Recht/Moral/Politik in intergenerationeller und globaler Hinsicht ist die Kernintention von Nachhaltigkeit.[86] Also die Erreichung einer dauerhaft durchhaltbaren und global lebbaren Lebensform. Es sollen damit insbesondere das Armuts- und das Umweltproblem integriert angegangen werden. Die Armut im Süden soll nicht etwa zynisch als „gut für die Umwelt“ hingenommen werden, aber auch das Armutsproblem soll nicht so gelöst werden, dass Afrika Europas Ölverbrauch imitiert und die Welt in den Klimakollaps taumelt.

Demgegenüber meint nach einer verbreiteten Ansicht Nachhaltigkeit schlicht eine ausgewogene Verfolgung der drei Säulen Ökologie, Ökonomie und Soziales, notfalls auch ohne raum- oder zeitübergreifenden Bezug.[87] Das Drei-Säulen-Modell[88] übergeht jedoch *erstens* den Paradigmenwechsel als Kernidee – mehr Generationen- und globale Gerechtigkeit. Schon rein sprachlich kann „Nachhaltigkeit“ nur diesen Langfristbezug meinen – und nicht die Trivialaussage, man müsse im Leben eben immer alles gegeneinander abwägen. *Zweitens* ist die Trennung ökologischer, ökonomischer und sozialer Aspekte schwierig, wenn nicht sogar unmöglich: Ist beispielsweise bessere Luftqualität nur ein ökologisches Ziel, weshalb nicht ein soziales oder ökonomisches? *Drittens* lebt der Säulen-Ansatz von der impliziten, bekanntlich so nicht haltbaren Hintergrundannahme, der Lebensgrundlagenschutz sei nicht ohne Wirtschaftswachstum machbar. Vielmehr impliziert Nachhaltigkeit eine substanzielle Neuausrichtung für den Westen, um etwas für künftige Menschen und alle Menschen weltweit übrig zu lassen, die in der Tat gewisse Wachstumsspielräume zur Überwindung der häufig gravierenden Armut benötigen. *Viertens* ergibt schon der im Wortsinn von Nachhaltigkeit enthaltene Generationenbezug von Nachhaltigkeit, dass Nachhaltigkeit primär von Grundbedürfnissen handelt und nicht von jedwedem Teilaspekt von Wirtschafts- und Sozialpolitik im Allgemeinen. *Zeit*übergreifende Konflikte können per se nur Belange betreffen, bei denen heutige Menschen überhaupt die Macht haben, die Lebensbedingungen künftiger oder junger Menschen erheblich und vielleicht gar irreversibel zu beeinflussen. Und dies sind eben die Grundbedürfnisse – Wasser, fruchtbare Böden brauchen auch künftige Menschen definitiv. *Fünftens* ist das Drei-Säulen-Modell auch deshalb anzweifelbar, weil die gesamte Politik (und übrigens auch die gesamte Wissenschaft) damit sozusagen begriffsnotwendig nur noch von Nachhaltigkeit handeln würde – was den Begriff letztlich überflüssig machen würde.[89]

All dies wird in der Rio-Deklaration der UN-Konferenz von 1992 als zentraler Wurzel des modernen Nachhaltigkeitsdiskurses auch deutlich sichtbar, wenn es auch häufig übergangen wird.[90] Grundsatz 5 und auch Grundsatz 7 der Rio-Deklaration (gemeinsame, aber geteilte Verantwortung von Industrie- und Entwicklungsländern) beziehen sich ersichtlich auf den Erhalt menschlichen Lebens und nicht auf jedwede Frage von Politik. Auch die Beseitigung nichtnachhaltiger Produktions- und Verbrauchsstrukturen (Grundsatz 8) klingt nicht gerade nach Dreisäuligkeit im Sinne von „mehr Wachstum und höhere Einkommen auf der Nordhalbkugel". Besonders deutlich ist Grundsatz 12, indem er Wirtschaftswachstum und Nachhaltigkeit nebeneinander nennt und damit als zwei zu unterscheidende, gerade nicht gleichsinnige Anliegen kennzeichnet.

Konkret heißt Nachhaltigkeit dann: dass erneuerbare Rohstoffe (wie erneuerbare Energien) nur unter Beachtung der Nachwachsrate genutzt, nicht-erneuerbare Rohstoffe (wie fossile Brennstoffe) sparsam verwendet, die Assimilationsgrenzen des Naturhaushalts beachtet und Schädigungen des Klimas sowie der Ozonschicht vermieden werden sollen; dass die elementare menschliche Existenz gesichert sein soll, was neben Nahrung auch Zugang zu Bildung, sauberem Trinkwasser und medizinischer Behandlung sowie Abwesenheit von Krieg und Bürgerkrieg für alle nahe legt. Andere Ziele wie kurzfristiger Wohlstand mögen erstrebenswert sein – sie sind aber nicht Teil von Nachhaltigkeit, sondern treten mit der Nachhaltigkeit in eine Abwägung. Und das sollten wir dann auch ehrlich zugeben. Und wir sollten uns auch fragen, was denn hier auf Dauer wohl wichtiger ist.

VI. Klimapolitik und Demokratie

40. „Die Demokratie mit ihrem Pluralismus kann gut auf das Klimaproblem reagieren"

Es darf Politik und Bürgern also nicht egal sein, wenn künftigen Generationen ein stark verändertes Globalklima und geplünderte Ressourcenvorräte hinterlassen werden. Man könnte jetzt aber ketzerisch fragen: Kann man das mit demokratischen Methoden überhaupt noch abwenden? Zwar ist die (gewaltenteilige) Demokratie die der Freiheit gemäße politische Organisationsform, wie wir bereits sahen. Das Problem ist nur: Demokratie bildet zwar pluralistisch unterschiedliche Meinungen ab. Das fördert Diskurse um sinnvolle Problemlösungen und schafft damit potenziell besonders durchdachte, ausgewogene Argumente und Konzepte, könnte man sagen. So könnte auch ein Lernprozess möglich werden, der die Eigennutzen- und Moraldimension der Klimawende verdeutlicht – und die emotionale Beschränkung in puncto Nachhaltigkeit zumindest als Problem bewusst macht. Die Demokratie begünstigt aber auch genau diese emotionale Beschränkung: konkret nämlich ein kurzzeitorientiertes Denken in Wahlperioden. Dies gilt umso mehr, als künftige und weit entfernt lebende Menschen die heutigen westlichen Regierungen nicht gewählt haben. Die Hauptbetroffenen sind also weder am Diskurs noch an Wahlen beteiligt und werden damit tendenziell vernachlässigt.

Das Klimaproblem hat aber eben auch das Potenzial, die Demokratie zu vitalisieren. Denn wenn Demokratie die der Freiheit gemäße politische Organisationsform ist und Freiheitskonflikte zunehmend grenzüberschreitend auftreten, wäre ja an sich eine sukzessive Entwicklung hin zu demokratieähnlichen globalen Strukturen erstrebenswert. Einfach nur „Beteiligung von Umweltverbänden" an internationalen Entscheidungen wäre freilich auf Dauer zu wenig an Demokratie. Dagegen wäre der hier vorgeschlagene globale Klimaschutz-Ansatz konkret für die nationale und globale Demokratie gut, wie schon anklang: Er gibt der Politik die Herrschaft über die Wirtschaft zurück und begünstigt den Einstieg in eine globale, „EU-ähnliche" Politikstruktur, die eines Tages auch eine gewaltenteilige Weltdemokratie mit einer Institution ähnlich dem EU-Parlament hervorbringen könnte. Generell würden klarere – auch transnationale – Entscheidungsstrukturen und eine Stärkung des Mehrheits- gegenüber dem Konsensprinzip helfen, gerade international. Trotzdem müssen wir zugestehen, dass Pluralismus es durchaus schwierig erscheinen lassen kann, rechtzeitig auf ein Megaproblem wie den Klimawandel zu reagieren.

41. „Wir brauchen die Ökodiktatur, weil der Mensch egoistisch und beschränkt ist – und weil es ohne Wirtschaftswachstum keine Demokratie mehr geben wird“

Die Demokratie stößt also beim Klimaschutz an Grenzen. In den 80er Jahren wurde deshalb über die „Ökodiktatur“ debattiert. Muss man sich angesichts der globalen Erwärmung nicht doch für so was erwärmen? Keinesfalls. Zwar wird ein demokratischer Politiker, der eine starke Umweltpolitik forciert, die von ihm gewünschte Wiederwahl womöglich gefährden. Doch mit „Ökodiktatur“ kommen wir gegen dieses Problem auch nicht an. Die Freiheit dauerhaft und global für alle Menschen kann man nicht sichern, indem man sie abschafft. Auch ein Diktator würde sich außerdem auf seine Weise eigennützig verhalten. Und: Auch Diktatoren appellieren gern an Instinkte und platte Emotionen. Die jedoch gehen selten in Richtung Nachhaltigkeit.

Interessant und wesentlich schwerer zu beantworten ist eine andere Frage: Was wird aus der Demokratie, wenn wir uns vom Wachstumsprinzip verabschieden?[91] Es ist zunächst eine historische Erfahrung, dass mit dem Entstehen kapitalistischer Wohlstandsgesellschaften tendenziell auch die freiheitliche Demokratie Einzug hält. Dies ist auch wenig verwunderlich. Denn beides bedingt sich wechselseitig: Freiheit ermöglicht wirtschaftliche Aktivität durch rechtsförmige Garantie der Eigentumsrechte; und umgekehrt schafft Wohlstand die Bereitschaft bei allen, friedlich und unter Respektierung der Autonomie aller anderen zusammenzuleben. Beziehungsweise, mehr von den Mächtigeren her gesprochen: Es schwindet die „Notwendigkeit", den eigenen Reichtum durch autoritäre Herrschaftsformen gegen eine arme Mehrheit zu verteidigen. Zudem sind die liberale Demokratie und die kapitalistische Gesellschaft beide eng mit dem Protestantismus und seinem Arbeits- und Fortschrittsethos verbunden. Andererseits sind wir mittlerweile so reich, dass man sich fragen kann, ob wir wirklich, auch wenn der Klimawandel uns hier zum Stagnieren oder zu kleinen Rückschritten zwingt, deshalb gleich den verteilungspolitisch motivierten Bürgerkrieg eröffnen würden.

Sarkastisch könnte man die Diagnose, der Wachstumskapitalismus mache friedliche Demokratie möglich, noch etwas anders infrage stellen: Führen wir nicht statt Eroberungskriegen heute einfach unseren waffenlosen Klimakrieg gegen südliche Länder und gegen künftige Generationen, denen wir die Folgen des Klimawandels auferlegen? So oder so bleibt das Ganze nur ein begrenzter Teil der Geschichte, da Reichtum und fossile Brennstoffe nicht die alleinige Ursache der liberalen Demokratie sind. Von der Liberalismus- und Protestantismusgeschichte war bereits die Rede.

42. „Die korporatistische Konsensdemokratie in Deutschland und der EU ist gut beim Klimaschutz; und große Energiekonzerne gehören zu Demokratie und Marktwirtschaft"

Wir haben gesehen, dass die Demokratie die nötigen Lernprozesse hin zu einer echten Klimawende begünstigen, aber auch erschweren kann. Bisher gehen in der EU und in Deutschland diese Prozesse zudem in einer allgegenwärtigen Tendenz zur verbändedominierten Konsensdemokratie unter. Politiker unterschiedlicher Richtungen, Verbandsvertreter, Journalisten und Ministerialbeamte formieren sich zunehmend als eine Art Einheitsgruppe, besonders im Klimaschutz. Man trifft sich zuweilen beinahe wöchentlich auf Tagungen und an Buffets, schätzt sich, kommt häufig persönlich gut klar, ist häufig stark auf Konsens bedacht. Dies gilt umso mehr, als beispielsweise in Ministerien (oder in der EU-Administration) und in Umweltverbänden oft Leute aufeinandertreffen, die durchaus gemeinsame Biografien in puncto Kampf für einen besseren Umwelt- und Klimaschutz aufzuweisen haben.

Dementsprechend hat man wechselseitig oft viel Verständnis für die Positionen, Nöte und Sachzwänge der jeweils anderen Seite. Selbst Umweltverbände und alternative Forschungsinstitute haben beispielsweise auch international das (ziemlich erfolglose) Kyoto-Protokoll häufig zu ihrem „Baby" gemacht – und merken kaum, dass ihre Verlautbarungen sich häufig nur noch vergleichsweise wenig von Regierungs-Statements unterscheiden. Auch die Institute und Verbände fordern häufig nur „50 % globale Treibhausgasreduktion bis 2050", obwohl der naturwissenschaftliche Konsens bekanntlich viel einschneidendere Forderungen formuliert. Fehlende Diskurse und Kontroversen verschenken aber gerade die Leistungsfähigkeit des Modells Demokratie – egal, ob die Diskurse von konsensverliebten Klimaschützern oder übermächtigen Energie-Großkonzernen blockiert werden. Dass klare Argumente – und glasklare Aussagen, als Demokrat bestimmte Positionen nicht zu teilen und gleichwohl am Ende mit ihnen zu leben – eigentlich kein Problem sein können, macht etwa die englische Politik vor. Und das, wo doch die Briten als besonders höflich und die scheinbar besonders konsensverliebten Deutschen international eher als Stoffel gelten. Hinter dem deutschen Problem stehen leider teilweise auch finanzielle Abhängigkeiten. Letztlich ist die Konsensdemokratie die Schwester des oben kritisierten, unüberschaubaren und dabei wenig effektiven klimapolitischen „Instrumentenmixes“. Alles ist furchtbar kompliziert und nur noch für Lobbyisten, die in der Konsenssuppe mitschwimmen, durchschaubar, alle hängen irgendwie wechselseitig voneinander ab – und niemand kritisiert mehr unmissverständlich, wie vergleichsweise wenig wir trotz des oft guten Willens und vieler guter Konzepte bisher auf dem Weg zu einer großen Klimawende erreicht haben. Wie häufig im Leben, scheint leider auch hier zu gelten: Befindet man sich gemeinsam mit anderen in einem „Teller“, bestätigt man sich gegenseitig in seinen Ansichten und entwickelt womöglich auch ein recht lauschiges Gruppengefühl. Zu ungeschminkter, unbeeinflusster und auch unbequemer Erkenntnis trägt eine solche Kollektivierung jedoch nicht unbedingt bei.

Ein besonderer korporatistischer Player in westlichen Ländern sind die großen Energieversorgungsunternehmen, die stark mit der Politik verflochten sind. Sie betreiben und schätzen Großkraftwerke und passen damit schlecht zu einer innovationsfreundlichen Marktwirtschaft mit vielen kleinen Wettbewerbern. Eine dezentrale Energiewirtschaft mit vielen kleinen Erzeugern erneuerbarer Energien würde ihre Macht brechen. Folgerichtig versuchen die Großen ihre Macht durch CCS (die bereits erwähnte Technologie des *Carbon Capture and Storage*) und neue Kohle- und Atomkraftwerke zu sichern – oder durch riesige Solarparks in den nordafrikanischen Diktaturen, anstatt die riesigen Effizienz- und Erneuerbaren-Energien-Potenziale innerhalb der westlichen Länder selbst voll auszunutzen. Denn nur Großkonzerne können solche Technologien betreiben. Eine dezentrale Energieversorgungsstruktur könnte aber gerade für südliche Länder existenziell sinnvoll sein – und für westliche Länder könnte sie den endgültigen Durchbruch für erneuerbare Energien und außerdem demokratische Vorteile bedeuten, ist doch die Position weniger Oligopolisten im Energiemarkt angesichts von deren Verflechtung mit den Entscheidungsträgern auch demokratisch problematisch; in jedem Fall aber tendenziell den Status quo konservierend. Das globale Konzept des doppelten Emissionshandels dagegen würde Alternativen zu Kohle, Atom, Öl und Gas massiv stärken – und damit die großen Energiekonzerne in die Defensive drängen.

43. „Wir brauchen Vorbilder wie Al Gore – und mehr Partizipation und Klima-Pädagogik"

Man könnte meine Korporatismuskritik jetzt so verstehen, als würde ich auf ideale, rein moralisch motivierte Politiker und Unternehmer hoffen. Das wäre irreal, wie wir bei der Klimapsychologie sahen. Durchaus sinnvoll wäre dagegen der Hinweis, dass der demokratische Diskurs mehr attraktive Vorbilder in puncto Klimaschutz gebrauchen könnte. Womöglich wäre das ein Schritt, unsere emotionale Unzugänglichkeit für raumzeitlich entfernte Schadensfolgen unseres Handelns zumindest stärker zur Diskussion zu stellen – und so die Bereitschaft für eine echte Klimawende zu erhöhen. Viele scheinbare Vorbilder sind dabei allerdings eher mäßig geeignet, wenn man sie genauer anschaut. Friedensnobelpreisträger Al Gore beispielsweise. So ist die globale Gerechtigkeit zwischen den Industrie- und den Entwicklungsländern in seinem berühmten Klima-Film „Eine unbequeme Wahrheit" kein Thema. Und seine konkreten Vorschläge sind weit davon entfernt, das Lebensmodell infrage zu stellen, welches den Klimawandel gerade erst verursacht hat. Allein mit ein paar Energiesparbirnen und Hybridautos mehr – wie Gore, sehr verkürzt gesagt, empfiehlt – ist das Klimaproblem nicht zu lösen. Al Gore mag viel zur Diskussion über den Klimawandel beigetragen haben. Zugleich hat er wie nur wenige andere Menschen dazu beigetragen, den globalen Klimaschutz zu verwässern. Der CDM, ein großer Verwässerer des globalen Klimaschutzes, ist ein Vorschlag der USA unter dem damaligen Vizepräsidenten Al Gore. Auch wenn man Al Gore verstehen kann, denn er wusste damals, dass nur ein äußerst moderater Klimaschutz Chancen auf die nötigen Mehrheiten im US-Gesetzgebungsprozess haben würde.

Wo also ist der Politiker oder Showstar, der sagt: „Ich esse vegetarisch, fliege nicht in Urlaub, fahre kein Auto, springe nicht im Winter im T-Shirt durch die überheizte Wohnung – und ich fühle mich dabei moralisch gut und bin vielleicht sogar viel glücklicher als viele andere." Eine Figur wie Mahatma Gandhi als massenwirksam wahrgenommene Erscheinung ist im modernen Okzident nahezu undenkbar. Obwohl die radikale Klimawende letztlich Vorbilder dieser Radikalität gebrauchen könnte.

Das andere sanfte Instrument neben den „Vorbildern" ist die „Pädagogik". Immer mehr Stimmen fordern eine Art neue Klimaerziehung und hoffen darauf basierend auf eine Art Gemeinschaftsgefühl pro Klimawende. Ökonomen wiederum machen sich über solche Ideen gern lustig, weil der Mensch eben unheilbar eigennützig und kurzzeitorientiert sei. Dieser Streit der Positionen „der Mensch ist eigennützig, das ist von Geburt an unveränderlich, und das führt gerade zu guten Ergebnissen" versus „der Mensch wird erst durch die Gesellschaft eigennützig gemacht, wir brauchen daher den neu erzogenen Menschen und den Bruch mit dem alten Adam, alles ist sozial erworben" ist allerdings in dieser Zuspitzung wenig weiterführend. Es ist letztlich einfach der alte Streit „Thomas Hobbes" versus „Jean-Jacques Rousseau" im abendländischen Denken, auch wenn vielen Pädagogen und Ökonomen das allenfalls vage bewusst zu sein scheint. Er wiederholt sich alle paar Jahrzehnte seit rund 250 Jahren. Nach 1968 hatten die Rousseauisten Oberwasser (Mao war einer, wie alle Marxisten), und seit 1990 sind eben die Hobbesianer auf dem Vormarsch (die Soziobiologen, die Wirtschaftsliberalen – Darwin war letztlich auch einer). Man könnte überspitzt sagen: Beim Klima denken die Hobbesianer „der Markt wird's schon richten", und die Rousseauisten hoffen auf „Erziehung" oder gar auf den neuen Menschen.

Man braucht jedoch eine differenziertere Antwort jenseits von „Hobbes" und „Rousseau"; wir haben sie bei der Klimapsychologie zu geben versucht. Dementsprechend geht der doppelte Emissionshandel von einer differenzierten – nicht nur, aber eben auch eigennützigen – Psychologie aus. Sicher ist, um die Eigennutzen- und Moralbezüge, aber auch die psychologischen Hindernisse auf dem Weg zu einer Klimawende stärker bewusst zu machen, auch eine Thematisierung auf allen Ebenen gerade schulischer Erziehung ergänzend hilfreich. Nur ist dies eben eine Ergänzung. Es ersetzt nicht die klaren Vorgaben des doppelten Emissionshandels, der sich nicht vom Auftreten eines „neuen solidarischen Menschentypus" à la Rousseau abhängig macht. Klassische pädagogische Konzepte können beim Klimawandel zudem an Grenzen stoßen. Wie beispielsweise sollte man beim Klimawandel so vorgehen, dass man Menschen über „sichtbare Erfolge" ihrer persönlichen Anstrengungen für etwas begeistert? Ein ganz persönlich durch mich „erfolgreich geschütztes" Stückchen Globalklima kann man sich wohl kaum vorstellen – anders als eine ganz persönlich durch mich geschützte Erdkröte im Naturschutz oder ein ganz persönlich durch mich getrennter Abfall (wobei Abfalltrennung ökologisch in ihrer heutigen Form eher ein Nebenkriegsschauplatz ist).

Vor diesem Hintergrund überzeugt mich auch eine

kürzlich – aus kulturwissenschaftlicher Sicht – von Claus Leggewie und Harald Welzer propagierte Idee nicht wirklich. Sie sehen in einer Revitalisierung der Demokratie durch mehr Bürger-Beteiligung den wesentlichen Schritt gegen den Klimawandel. Kein Zweifel: Wir brauchen Diskurse über den Klimawandel, um die nötige Klimawende anzustoßen, zu begleiten und zu verarbeiten. Dies ist überaus wichtig. Es wäre jedoch ein Missverständnis, Diskurse nicht in der Verflechtung mit den anderen in diesem Buch behandelten Schritten zu sehen, sondern eine (wie zu bewirkende? und worin genau bestehende?) „Aktivierung des demokratischen Bürgers“ zum eigentlichen klimapolitischen Kern-Instrument zu erheben.

– Denn der Klimawandel ist ein globales Problem. Mehr Partizipation muss deshalb wenn, dann als globale Forderung verstanden werden.

– Partizipation macht außerdem aus uns keine anderen Menschen. Und wir Menschen mit unseren ganz normalen, alltäglichen Mentalitäten sind genau ein wesentlicher Hintergrund des Klimaproblems.

– Bereits heute ist über Parteien, Verbände, Bürgerinitiativen, Medien, Internetforen und diverse zivilgesellschaftliche Aktivitäten eine intensive klimapolitische Partizipation möglich. Die EU-Kommission etwa diskutiert ihre Klimapolitik vorher breit, auch im Internet. Das Interesse daran ist jedoch leider meist gering. Es fehlt also die Nachfrage nach „mehr Partizipation“.

– Wollte man nun Druck ausüben, um dies zu ändern, wäre man erneut bei „Rousseau“. Was statt der Wiedergeburt schlimmstenfalls das Ende der Demokratie einläuten könnte; dazu beim nächsten Irrtum.

Wenn bei Partizipation und Erziehung angesetzt wird, dann sollte dies jedenfalls wirklich die Finger in die aufgezeigten Wunden legen. Rein symbolische Aktionen wie „in ganz Deutschland am Samstagabend fünf Minuten das Licht ausschalten" ändern an der Dramatik des Klimawandels wenig bis gar nichts. Das Ganze vermittelt vielleicht persönliche Identität und ein Gruppengefühl unter den Empörten; zudem ist die Empörung „kostenlos". Am Grundproblem ändert das hingegen wenig: Moralische Forderungen werden (das lehrt die Geschichte) fast immer nur dann wirklich populär, wenn sie sich mit Eigennutzenerwägungen verbinden können. Klima-Empörung hat dementsprechend gute Beliebtheitschancen, denn sie ist angenehm – reales Klima-Handeln hat dagegen solange ein latentes Problem, wie die Rahmenbedingungen nicht verändert werden, etwa die Energiepreise durch den Emissionshandel.

Eigennutzen, Konformität und Identitätsstiftung, der Wunsch nach einem Gruppengefühl mit anderen „Guten", Nichtwissenwollen, die Fähigkeit zur Verdrängung eigener Fehler, das Finden vermeintlicher Sündenböcke („die Klimasünder, die am Samstagabend nicht das Licht ausmachen"): Diese ganz gewöhnlichen menschlichen Verhaltensantriebe machen Klima-Verbalradikalismus vielleicht sexy, die große Klimawende dagegen in den Augen vieler wohl eher unsexy. Ohne den Wunsch nach kleinen Vorteilen, Ruhe und Bequemlichkeit, nach Gruppengefühl und Zugehörigkeit zum Mainstream, und ohne das Verdrängen eigenen Fehlverhaltens wäre das Leben sicher oft auch ungemütlicher und unübersichtlicher. Leider ist das aber auch der Stoff, aus dem die Klimakatastrophe gemacht ist. Und übrigens auch viele Diktaturen. Hoffentlich nicht eines Tages auch die Ökodiktatur. Vielleicht schaffen wir es ja aber auch, unsere durchaus eigennützigen Wünsche nach Identität und Zugehörigkeit zunehmend in den Dienst des Klima-*Verhaltens* zu stellen und damit neue, nachhaltigere Lebensstile zu erschaffen. Ohne den doppelten Emissionshandel werden wir das aber wohl kaum tun. Andererseits wird eine radikalere Klimapolitik ohne ein Umdenken vielleicht wieder abgewählt. Also muss beides parallel laufen; sonst hält uns der Teufelskreis weiter gefangen.

44. „Wir brauchen mehr Utopien und den neuen, solidarischen Menschen"

Wenig realistisch, von den realen Optionen ablenkend und zudem potenziell totalitär wäre wie angedeutet die weitergehende Forderung nach einem ganz neuen, solidarisch-altruistischen Menschen, wie sie bei Harald Welzer zuweilen impliziert zu sein scheint. Das würde, konsequent zu Ende gedacht, in die Nähe maoistischer Politikkonzepte führen, deren Freiheitsfeindlichkeit und gleichzeitig Erfolglosigkeit hinlänglich bekannt sein dürfte: Wenn die Menschen keine „neuen Menschen" werden wollen, steckt man sie dann notfalls eben in Umerziehungslager, in Gulags. Das ist dann wieder der radikalisierte Rousseau, den natürlich auch Harald Welzer mit Sicherheit nicht will.

Die Herausforderung ist meiner Meinung nach nicht der neue Mensch – sondern die Frage, wie wir eigennützigen, emotional beschränkten biologischen Wesen dennoch einsehen, dass eine große Klimawende für uns und andere gleichermaßen besser wäre. Indem der doppelte Emissionshandel das Klima mit einem „Preis“ belegt, will er genau diese mentale Vermittlung leisten. Allein kann das globale Konzept das indes nicht; denn ein solches Konzept muss erst einmal von Politikern beschlossen und von Bürgern gebilligt werden, die genau den bekannten Beschränkungen unterliegen. Die Einsicht in die eigennützigen und moralischen Vorteile einer Klimawende ist deshalb unabdingbar. Zuletzt aber die Frage: Könnte es sein, dass eine Klimawende uns sogar glücklicher macht?

VII. Wandel oder Klimakriege

45. „Fernreisen, mein Handy und mein Auto machen mich frei und glücklich – und zeigen mir und anderen, wer ich bin"

Wer eine wirkliche Klimawende fordert, fordert vielleicht keinen neuen Menschen, aber sehr wohl eine Lebensstilwende. Ein massiver Anreiz zu dieser Wende würde von einem globalen Klimaschutzkonzept ausgehen, welches über den Energiepreis die Notwendigkeit eines Wandels kommuniziert: Der globale doppelte Emissionshandel schiebt deshalb Energieeffizienz und erneuerbare Energien an. Aber er schiebt noch mehr an. Ganz allein mit technischen Effizienzlösungen und dem Traum vom Solarzeitalter – so unglaublich wichtig diese Strategien auch sind – werden wir die Klimawende nämlich gar nicht schaffen. Es wird auch darum gehen, in manchen Punkten *anders* zu leben – ohne fossile Brennstoffe eben. Ich höre schon diverse Einwände: Wir sind doch ohnehin schon knapp bei Kasse und außerdem viel zu gestresst, um uns darüber grundlegende Gedanken zu machen – und außerdem wollen wir uns doch unseren Lebensgenuss nicht nehmen lassen. Gerade hier in Deutschland überwinden wir unser Image als disziplinfixierte Schwarzseher doch ohnehin nur mühsam – da werden wir doch aufgrund einer abstrakten Problematik wie dem Globalklima nicht unsere ganze Lebensweise infrage stellen. An dieser Stelle frage ich mich: Stimmt es wirklich, dass unser momentaner Lebensstil so wahnsinnig glücklich macht? Wir sind also bei der Frage nach unserem Glück. Sie ist anders als die Frage nach der Moral keine objektiv für alle Menschen beantwortbare Frage. Dennoch ist die Frage absolut wesentlich, weil von ihr abhängt, ob wir die Klimawende vollziehen werden.

„Identität und Anerkennung durch immer mehr Konsum“, egal ob's ums neue Handy oder die Teneriffa-Reise mit den schönen Fotos geht: Genau das werden wir wohl oder übel hinterfragen müssen. Der entscheidende Punkt ist nun: Das macht uns voraussichtlich gar nicht unglücklich! Statistisch sind Menschen in Brasilien oder Afrika eigentlich gar nicht unglücklicher als wir, solange die Grundbedürfnisse gesichert sind. Lebensfreude hängt vielmehr ab von den zwei Relationen „was möchte ich versus was habe ich“ und „was habe ich in Relation zu den anderen in meiner Umgebung“. Prinz Marcus, Multimillionär, Freund von Paris Hilton, lag also vielleicht eher daneben mit seiner Frage an mich in einer Talkshow: Haben Sie denn gar keinen Spaß am Leben? Ich frage zurück: Sind unser heutiger Konsumdruck und der damit einhergehende Konformismus nicht viel lustfeindlicher und diktatorischer? Als ob Konsum die wichtigste Lustquelle wäre. Der scheinbar platte Satz „Die schönsten Dinge im Leben sind doch umsonst“ hat also eine tiefere, sogar empirisch nachweisbare Berechtigung.

Dies deutet freilich sogleich eine denkbare Problemlösung an: Sofern keine extremen sozialen Ungleichheiten auftreten und man sich die bisher totgeschwiegene Gefahr des „Hamsterrads Wachstum“ – wir kommen gleich näher dazu – einmal genauer betrachtet, könnte eine Null-

Wachstums-Gesellschaft, die auf manches auch einfach verzichtet, vielleicht gerade als glücksförderlich erlebt werden. Das beantwortet allerdings nur die Frage, wie ich mit dem Verhältnis „was will ich versus was habe ich“ umgehe. Schwierig bleibt der Übergang insoweit, als wir uns eben immer gern an anderen messen, um Anerkennung zu erhalten. Theoretisch ist auch insoweit die Antwort allerdings klar: Wenn alle sich durch einen globalen Rahmen ändern, dann ist es auch für mich kein unüberwindliches Problem mehr, mich mit zu ändern. Natürlich geht es Menschen immer irgendwie auch um Anerkennung. Die Frage ist hier letztlich, ob es uns auf Dauer gelingt, dies auch ohne den ständigen Wunsch nach materieller Außendarstellung auszuleben. Übrigens geht es hier nicht einfach nur um „die breiten Massen“, über die die Meinungsmacher so gern reden: Auch Intellektuelle messen ihr Glück nicht selten an dem, was sie im Vergleich zu anderen darstellen.

46. „Ich bin voll im Stress, da kann ich mich nicht noch mit so etwas Abstraktem wie der Klimaproblematik beschäftigen“

Das Klimathema verlangt ein Umdenken bei Politikern, Bürgern und Unternehmen. Weltweit, besonders aber in den westlichen Ländern. Natürlich ist Umdenken schon per se immer ein bisschen „stressig“, vielleicht gerade in einer Zeit, in der vielen alles ohnehin schon zu stressig wird. Freie (Um-)Denkkapazitäten scheinen rar gesät. Wenn wir so an die Sache herangehen, werden wir uns eben mit massiven ökonomischen Nachteilen durch Klimaschäden, mit Ressourcenkriegen und mit einem Leben extremer Bedrohung abfinden müssen. Aber einmal anders gefragt: Könnte das Thema Klimaschutz nicht gerade auch der willkommene Aufhänger sein, endlich mal aus dem ganzen „Stress" der hamsterradartigen Wachstumsgesellschaft auszubrechen? Doch schauen wir kurz, was es mit unserem Stress auf sich hat.

Obwohl der „wirkliche" Globalisierungs-Druck auf die Industriestaaten wohl erst noch bevorsteht, sobald die südlichen Länder umfassender konkurrenzfähig sind, prägt die Globalisierung schon heute zunehmend das Alltagsleben, und dies nicht nur durch eine zunehmende Produktvielfalt. Auch wenn die formale Freiheit in westlichen Gesellschaften immer größer wird, kommt der „Sachzwang" eines globalen Wettbewerbs zunehmend beim einzelnen Arbeitnehmer an, selbst in den reichen westlichen Ländern. Dabei setzt uns die ökonomische Situation immer stärker unter Druck und bewirkt eine zunehmende „Kolonialisierung"[92] des vormals „privaten" Lebensumfeldes. Der Druck auf Arbeitsmarkt und Sozialstaat nimmt durch den erwähnten Staaten-Wettlauf um die kostengünstigsten Produktionsbedingungen für Unternehmen sukzessive zu. Noch mehr leisten, noch mehr arbeiten, heißt die Devise. Bald fragen wir uns vielleicht: Warum eigentlich noch abends in die Kneipe gehen oder in Urlaub fahren, wenn man sich in dieser Zeit auch weiterbilden oder arbeiten könnte? Es gibt also weiß Gott Anlass, immer öfter „gestresst" zu sein.

Nur wenn uns die Sache doch mehr und mehr im Magen liegt: Sollte dann nicht manches noch einmal überdacht werden, insbesondere der Wachstumszwang und die scheinbar geniale Idee eines unregulierten, freien Spiels der Kräfte weltweit? Klare Begrenzungen, wie sie heute so unpopulär sind, zwängen zwar ein – sie können aber auch einen gewissen Halt geben. Auch das gehört zur Freiheit. Und dass wir bereit sind, zu sehen, wenn unser Verhalten die Freiheit anderer zerstört. Denn nicht „der Staat" zahlt für den von uns verursachten Klimawandel – es zahlen vielmehr künftige Generationen und die sprichwörtlichen Bangladeschis. Und zwar in vielen Fällen voraussichtlich mit ihrem Leben. All diese Überlegungen wären in einem doppelten Emissionshandel gerade berücksichtigt.

Warum also nicht den Klimawandel nutzen, um einige seit langem ausstehende gesellschaftliche Diskussionen zu führen? Eine eher wachstumslose Gesellschaft könnte beispielsweise der Erwerbsarbeit einen geringeren Wert beimessen – und stärker erkennen, dass unbezahlte Tätigkeiten oft ebenso wichtig sind wie die klassische Berufsarbeit. Vielleicht können uns solche persönlichen Anliegen eher motivieren, uns für einen globalen ökologisch-sozialen Politikrahmen einzusetzen. Das emotionale Nachhaltigkeitsproblem ist und bleibt dabei vermutlich das Kernhindernis. Wahrscheinlich ist das Klimaproblem für uns Menschen einfach „fernliegender" als Fußball, Jobangebote oder Traumreisen. Wenn wir dieses Fernliegende ausblenden, werden wir uns um Fußball (oder unsere Partnerschaft) allerdings vielleicht bald keine Gedanken mehr machen müssen.

47. „Wenn der westliche Wohlstand irgendwann zusammenbricht, dann sollten wir doch jetzt noch schnell maximal profitieren“

Schön, dann ab in die Katastrophe, aber vorher noch mal richtig feiern – könnte das, natürlich sehr provozierend formuliert, dann vielleicht die Devise sein? Zumal schließlich immer die höchst vage Hoffnung bleibt, dass die Menschheit schließlich „noch jedes Problem irgendwie gelöst“ habe? Doch wäre eine solche Meinung nicht nur ziemlich größenwahnsinnig und würde die Endlichkeit des Homo sapiens in sehr naiver Weise verkennen. Sie wäre zudem moralisch pervers, eigennützig dämlich und auch vom Glücksfaktor her nach dem Gesagten vermutlich nicht besonders schlau. Und trotzdem vielleicht vordergründig ungeheuer einleuchtend, wenn wir sehen, wie sehr wir selbst unser unmittelbares Eigeninteresse vernachlässigen, sobald es um zeitlich fernliegende Sachverhalte geht. Andernfalls wäre nicht zu erklären, warum ein bekanntermaßen tödliches Hobby wie Rauchen, welches nahezu keinen greifbaren Vorteil bringt, von so vielen Menschen praktiziert wird. Natürlich sind wir selbst nur ein kleiner Teil der Problematik und scheinbar machtlos – wir konstituieren aber eben das Gesamtproblem, dessen Lösung uns alle, wenn wir halbwegs bei Sinnen sind, einfach interessieren muss. Zudem möchte ich noch einmal ganz ketzerisch fragen: Macht das „einen Draufmachen“ wirklich immer so viel Spaß, wie wir uns gegenseitig oft recht angestrengt versichern? Wird nicht unser wirtschaftswachstumsfixiertes, globalisierungsgeprägtes Leben in Wirklichkeit immer stressiger und oft auch leerer –

schon weil wir es gar nicht mehr schaffen, die Dinge, die wir eigentlich genießen könnten, auch wirklich in Ruhe zu genießen?

48. „Ressourcen- und Klimakriege kommen unweigerlich, da hilft nur militärische Stärke"

Eine Welt des „Weiter so" ist noch aus einem weiteren Grund, den ich hier noch einmal hervorheben möchte, wahrscheinlich keine glückliche Welt. Die Erde droht nämlich auch eine Welt der Klimakriege um Öl, Wasser und andere immer knappere Ressourcen zu werden. Das gilt umso mehr, als bekanntlich Ressourcen wie fossile Brennstoffe ganz unabhängig vom Klimawandel knapp zu werden beginnen. Schon heute ist es letztlich eine Ressourcenproblematik, wenn es wie in Darfur keinen Boden gibt, auf dem Bauern etwas anbauen oder ihr Vieh weiden lassen können.

Darauf mit Rüstungspolitik statt mit Klimapolitik zu reagieren, wäre schon ökonomisch absolut irrational. Gegen die Kosten allein des laufenden Irakkriegs sind selbst radikalste Klimaschutzmaßnahmen ökonomische Peanuts. Letztlich zeigt auch der Kurzschluss „statt Klimaschutz lieber Sicherheitspolitik" noch einmal eine andere Facette der Problematik auf: seine unvorteilhafte Komplexität. Und das, wo wir doch in einer Mediengesellschaft zunehmend nur noch Probleme zur Kenntnis nehmen, die sich in 30-Sekunden-Statements erklären und mit Köpfen, Geschichten und Tagesaktualität verbinden lassen. Wobei die Medien diese Befindlichkeit vermutlich gleichermaßen erzeugen und widerspiegeln. Das Klimathema hat damit alle Chancen, durch sinnentleerte Ad-hoc-Strategien statt konzeptionell angegangen zu werden – beispielsweise durch „eben nicht vermeidbare“ Kriege um Öl.

49. „Party-Käsewürfel, Salamitaktik und Klimaschutz haben nichts miteinander zu tun“

Kommen wir da irgendwie raus – gelingt die Klimawende, oder gelingt sie nicht? Ich weiß es ehrlich gesagt nicht. Ich erzähle dazu bei Vorträgen immer folgende Geschichte. Lege ich auf meiner Geburtstagsparty ein Stück Käse hin, bleibt es liegen. Schneide ich es in Würfel, wird alles aufgegessen. Obwohl der Käse genau der Gleiche ist. Bequemlichkeit erklärt dies zum Teil. Aber nicht nur das: An sich weiß im Wellness-Zeitalter jeder, dass größere Mengen cholesterinhaltiger Lebensmittel am späten Abend nicht gerade gesund sind. Doch die Grenze zwischen „dick werden“/„nicht dick werden“ verschwimmt durch Häppchen. Einer solchen Salamitaktik des Schrittchen-für-Schrittchen halten auch gute Vorsätze kaum stand.

Muss man sich dagegen für einen „großen Schritt“ entscheiden, und sei es nur das Abschneiden einer Käsescheibe, kann man sich offenbar schlechter selbst vormachen, man tue ja gar nichts und esse eigentlich gar nicht („nur das kleine Stückchen Käse noch ...“). Salamitaktik verschleiert also Brüche zwischen Denken und Handeln – aber auch zwischen einem Handeln X und einem gegensätzlichen Handeln Y. Dementsprechend eignet sich Salamitaktik hervorragend für Politiker und Unternehmen, um Reformen trotz unser aller Neigung, am Gewohnten festzuhalten und Veränderungen unbequem zu finden, auf den Weg zu bringen.

Unsere Neigung zum Gewohnten ist manchmal durchaus hilfreich; so müssen wir nicht vor jedem Handgriff erst Grundsatzanalysen anstellen. Große Reformen wie die Klimawende werden dadurch aber schwierig, trotz klarer Einsichten. Zumal bei den vielen scheinbar so kleinen klimaschädlichen Handlungen der Widerspruch zu den „richtigen Einsichten" kaum auffällt und die Grenzziehung zu den „richtigen Handlungen" nicht leicht fällt. Aber manchmal siegt die Einsicht dann doch: nämlich genau dann, wenn der Eigennutzen für eine Änderung spricht und die Änderung selbst scheibchenweise daherkommt. Nur – eigentlich ist es für eine solche Salamitaktik beim Klima schon zu spät. Wie kommen wir also dazu, den Käse oder besser gesagt Kohle und Öl da zu lassen, wo sie liegen – in diesem Fall: unter der Erde?

Die wesentliche Initiative nachhaltigkeitsorientierter Bürger müsste letztlich darin bestehen, eine globale Wende moralisch, eigennützig, friedenspolitisch und um des eigenen Glücks willen zu bejahen und im Sinne einer „kritischen Masse", die die Eigennutzenrationalität von Politikern und Unternehmen überhaupt erst ändern kann, einzufordern. Dabei wäre freilich die Einsicht wesentlich, dass man von der Politik weniger ein rein nationalstaatliches Handeln als vielmehr das Anstoßen globaler Aktivitäten einfordern muss. Und dass wir Europäer mächtiger sind, als wir denken. Heute bestimmen wir maßgeblich darüber mit, wo es in der Welt langgeht; ergo können wir auch dafür sorgen, dass es in eine bessere

Richtung geht. Und sei es durch wirtschaftlichen Druck – den die europäischen Staaten regelmäßig für ziemlich banale Eigeninteressen einsetzen, merkwürdigerweise aber kaum, wenn wie beim Klima die Zukunft der Menschheit auf dem Spiel steht. Und eine große Wende wird fast allen Menschen und Staaten weltweit nützen, existenziell, wirtschaftlich und friedenspolitisch – und auch moralisch ist die Klimawende zwingend.

Dennoch würde ein Kritiker jetzt weiter beharren: Die eigennützigen Staaten, die einen internationalen Klimaschutz verhindern, würden doch zumindest den ökologisch anspruchsvollen Teil des Konzepts verhindern. In der Tat – aus ähnlichen Gründen hat es auch historisch so lange gedauert, bis aus lokalen Fürstentümern große Staaten wurden. Und vermutlich werden die Menschen, ebenso wie bei der Gründung des Nationalstaates, irgendwann erkennen, dass zur Wahrung ihrer Eigeninteressen eine neue, andere Politikebene als die nationale nötig ist. Die beispielsweise und insbesondere den Klimawandel mit globalen Konzepten beherzt angeht.

50. „Verzicht ist unsexy und macht das Leben langweilig, unspektakulär und traurig"

Unsere Überlegungen nähern sich ihrem Ende. Ökonomische, friedenspolitische, moralische und eudämonistische (glücksbezogene) Überlegungen haben eine echte globale Klimawende nahe gelegt. Dabei hat sich auch gezeigt, dass allein die technischen Potenziale von Energieeffizienz und erneuerbaren Energien großartige Perspektiven und den größeren Teil der Problemlösung bereithalten. Trotzdem wird aber auch Verzicht notwendig sein. Nun sahen wir bereits, dass mehr materieller Wohlstand gerade nicht mehr Glück bedeutet, sondern womöglich eher mehr Stress. Die Folgerung daraus, die es zum Abschluss festzuhalten gilt, ist dann aber: Verzicht bedeutet gerade nicht zwangsläufig einen Verlust an Lebensglück. Man kann sogar noch weiter zuspitzen: Verzicht kann gerade Glück schaffen. Und zwar noch aus einem bisher unerwähnten Aspekt heraus. Nicht nur der Wunsch nach Mehr, sondern auch die Freude an – jedenfalls partieller – Askese kann genuin menschlich sein. Das lehrt uns nicht nur die Religionsgeschichte aller Völker dieser Welt, wo bewusster Verzicht regelmäßig als Weg zu besonderen geistigen und inneren Glückseligkeitszuständen begriffen wurde. Nun sind wir meist keine Heiligen. Trotzdem: Wie glücksmehrend der kleine Verzicht im Alltag sein kann, weiß jeder, der schon einmal ausprobiert hat, bewusst nicht zu rauchen, bewusst keine Schokolade zu essen – oder sich einfach voll auf etwas zu konzentrieren, sich nicht ablenken zu lassen und damit etwas gut zu Ende zu bringen. Warum trauen wir *uns selbst* eigentlich so verdammt wenig zu – so dass das große Glück immer von außen kommen muss?

Sicher brauchen Menschen immer Anerkennung – durch andere und durch sich selbst. Diese kann aber eben nicht nur aus einem immer weiter gesteigerten Warenkonsum zustande kommen, sondern auch daraus, dass wir es schaffen, über uns selbst hinauszuwachsen und das zu leisten, was Menschen eigentlich gerade von Tieren unterscheidet: nämlich lernfähig zu sein. Und es ist mit der größte Spaß im Leben, dass wir das sind. Ist es wirklich so erstrebenswert, wenn wir uns häufig durch immer mehr Konsum für unser stressiges Leben entschädigen? Ist wahrer Reichtum nicht eher: gesund sein, Zeit haben, dazulernen, sich weiterentwickeln? Gibt es nicht Dinge, die unendlich viel aufregender sind als das neue Auto und der gehetzte Kurztrip hierhin und dorthin in irgendein austauschbares Hotel an irgendeinen austauschbaren Strand – den Wald, die Menschen, die Jahreszeiten, die innere Ruhe? Ein sehr spezielles psychisches Hindernis – neben unserer emotionalen Verengung auf raumzeitlich Naheliegendes – ist damit freilich noch nicht genannt, und es führt uns zum Anfang dieses Buches zurück: Der westlichen Kultur ist spätestens seit der Reformation, letztlich aber schon seit dem Frühchristentum, ein Finalismus eingeschrieben, der auch hinter der Wachstumsidee steht und der die menschliche Existenz nur als Streben nach einer immer weiteren Mehrung und (eben auch materiellen) Verbesserung begreifen kann. Ist Verzicht da nicht ein psychisch unerträglicher Rückschritt? Es besteht die Gefahr, dass wir das so sehen. An sich wäre die Offenheit für den Verzicht aber vielleicht gerade ein ungeheurer Fortschritt – an Lebensglück, an Einsichtsfähigkeit, an Selbstbestimmung. Und vielleicht auch an emotionaler Reife.

Anmerkungen und Literatur

[1] Vgl. für den an einer streng fachwissenschaftlichen Abhandlung der vorliegenden Themen interessierten Leser eingehend Felix Ekardt, Theorie der Nachhaltigkeit: Rechtliche, ethische und politische Zugänge, 2009 (im Erscheinen). Sowohl dieses kleine als auch das große Buch wollen jedenfalls dazu beitragen, ein bisher nur rudimentär entwickeltes Wissensgebiet zu eröffnen und zu stärken: eine fächerübergreifende Klima-Sozialwissenschaft.

[2] Eingang finden die Erträge vieler Artikel in der Süddeutschen Zeitung, der Frankfurter Rundschau, der TAZ sowie verschiedener Beiträge in Radio und Fernsehen.

[3] Eingang finden beispielsweise Arbeiten für die deutsche Bundesregierung sowie die Ergebnisse zweier Forschungsprojekte für die Hans-Böckler-Stiftung.

[4] Diese eingängige Formulierung verdanke ich Marcel Hänggi, Wir Schwätzer im Treibhaus. Warum die Klimapolitik versagt, Zürich 2008.

[5] Einzelnachweise zu den folgenden Aussagen finden sich in den einzelnen Kapiteln dieses Buches.

[6] Zu den einzelnen folgenden Vorschlägen vgl. die Kapitel dieses Buches und die dortigen Nachweise; im Zusammenhang auch Ekardt (Anm. 1).

[7] Vgl. für diese Formulierung noch einmal Hänggi (Anm. 4).

[8] Zur diesbezüglichen Kritik schon Felix Ekardt, Wird die Demokratie ungerecht? Politik in Zeiten der Globalisierung, München 2007.

[9] Vgl. zum Folgenden klassisch Nicholas Stern, Stern Review Final Report, 2006, http://www.hm-treasury.gov.uk/stern_review_report.htm (16.03.2009); siehe beispielsweise auch Claudia Kemfert, Die andere Klima-Zukunft, Hamburg 2008.

[10] Mein Kollege Prof. Dr. Hans Nutzinger, einer der Erfinder der deutschen Ökosteuer, hält als alternativer Umweltökonom diese Vorstellung aber beispielsweise für durchaus nicht ausgeschlossen. Ich frage mich gleichwohl, ob man wirklich auf eine doch vergleichsweise vage

Hoffnung einen Zukunftsentwurf für moderne Gesellschaften aufbauen sollte.

[11] Vgl. zum Folgenden auch die Beiträge von Matthias Schmidt, Arno Behrens/Stefan Giljum und Dirk Löhr in der Zeitschrift Forschung für angewandtes Stoffstrommanagement 2005, S. 7 ff., 13 ff. und 33 ff.; Felix Ekardt, Nachhaltigkeit und Recht, Zeitschrift für Umweltpolitik und Umweltrecht 2009, S. 223 ff.; Herman Daly, Beyond Growth. The Economics of Sustainable Development, Boston 1996; Wuppertal-Institut, Zukunftsfähiges Deutschland in einer globalisierten Welt, Frankfurt a.M. 2008.

[12] Vgl. dazu Daly (Anm. 11).

[13] Dazu näher Felix Ekardt/Swantje Meyer-Mews/Andrea Schmeichel/Larissa Steffenhagen, Globalisierung und soziale Ungleichheit – Welthandelsrecht und Sozialstaatlichkeit, Böckler-Arbeitspapier Nr. 170, Düsseldorf 2009.

[14] Vgl. für den aktuellen Stand der Klimaforschung IPCC, Climate Change 2007. Mitigation of Climate Change, 2007; siehe auch für weitergehende Aussagen James Hansen, Scientific Reticence and Sea Level Rise, Environmental Research Letters 2/2007.

[15] Exemplarisch für alles folgende Björn Lomborg, Cool it! Warum wir trotz Klimawandel kühlen Kopf bewahren sollten, München 2007.

[16] Klassisch zur ökonomischen Schadensberechnung des Klimawandels Stern (Anm. 9).

[17] Siehe dazu IPCC (Anm. 14), S. 15, Tabelle SPM.5.

[18] Siehe dazu Hansen (Anm. 14).

[19] So auch der neue Synthese-Text, den die internationale Klimaforschung im Juni 2009 auf der Basis einer Konferenz in Kopenhagen publik gemacht hat.

[20] Vgl. die Schlussfolgerungen des Rats (Umwelt) vom 02. März 2009, abrufbar unter: http://register.consilium.europa.eu/pdf/de/09/st07/st07128.de09.pdf

[21] Jedenfalls eine Null-Emissions-Energiewirtschaft bis 2050 wird auch in einer Entschließung von Managern großer Energiekonzerne vom April 2009 ins Auge gefasst; vgl. etwa die TAZ vom 10.04.2009.

[22] Zum Folgenden beispielsweise Kemfert (Anm. 9).

[23] Stern (Anm. 9); Harald Welzer, Klimakriege, Frankfurt a.M. 2008; Ekardt (Anm. 1), § 1; Kemfert (Anm. 9).

[24] Es gibt leicht divergierende Zahlenangaben; vgl. etwa Lutz Wicke/Peter Spiegel/Inga Wicke-Thüs, Kyoto Plus, München 2006, S. 62 ff.; Ekardt (Anm. 1).

[25] Vgl. für eine Gesamtdarstellung der klimapolitischen Instrumente Felix Ekardt, Theorie der Nachhaltigkeit, Baden-Baden 2009, § 8.

[26] Vgl. auch Kevin A. Baumert/Timothy Herzog/Jonathan Pershing, Navigating the Numbers, Greenhouse Gas Data and International Climate Policy, World Resources Institute (WRI), 2005, S. 22.

[27] Zu praktischen Handlungsoptionen gibt es eine breite Literatur; vgl. etwa Peter Unfried, ÖKO – Al Gore, mein Kühlschrank und ich, Köln 2008.

[28] Vgl. auch Welzer (Anm. 23).

[29] Vgl. zur Umweltbewusstseinsforschung ausführlich und kritisch Felix Ekardt, Steuerungsdefizite im Umweltrecht – Ursachen unter besonderer Berücksichtigung des Naturschutzrechts und der Grundrechte, Sinzheim 2001, § 13. Dort auch zur Kritik an einem Bewusstseinsbegriff, der sich von Widerspiegelungen im realen Verhalten gänzlich löst.

[30] Vgl. Wuppertal Institut (Anm. 11).

[31] Zur gesamten Ursachenanalyse ausführlicher z. B. Ekardt (Anm. 1), § 2.

[32] Vgl. zu unserer Verhaftung in Vorstellungen wie „viel Energie ist doch positiv" oder „die Energieerzeugung soll lieber unsichtbar sein" (eben durch Großkraftwerke weit außerhalb der Städte) sehr instruktiv Hartwig Berger, Der lange Schatten des Prometheus. Über unseren Umgang mit Energie, 2009.

[33] Dieser Punkt dominiert in der wirtschaftswissenschaftlichen Debatte; vgl. etwa Lutz Wicke, Umweltökonomie, 4. Aufl. München 1993.

[34] Vgl. zu diesem Abschnitt neben Ekardt (Anm. 1), § 8 auch Ekardt u. a. (Anm. 13).

[35] Vgl. zum Folgenden näher Ekardt (Anm. 1), § 14; Felix Ekardt, in: Felix Ekardt (Hg.): Generationengerechtigkeit und Zukunftsfähigkeit, Münster 2006, S. 27 ff.

[36] Vgl. zum Folgenden Hans-Werner Sinn, Das grüne Paradoxon, Berlin 2008; vgl. aber auch Ottmar Edenhofer u. a., Das „grüne Paradoxon" – Menetekel oder Prognose?, 2009 (unveröff.).

[37] Vgl. etwa die Studien vom Solarenergie-Förderverein e.V., abrufbar

unter www.sfv.de; Hermann Scheer, Energieautonomie, München 2005., Bestritten werden die dortigen Szenarien im Kern von der Kostenseite her, weniger dagegen von der grundsätzlichen Realisierbarkeit her.

[38] Zu den Ambivalenzen schon Felix Ekardt/Andrea Schmeichel/Mareike Heering, Europäische und nationale Regulierung der Bioenergie und ihrer ökologisch-sozialen Ambivalenzen, Natur und Recht 2009, S. 222 ff.; OECD, Conduction Sustainability Assessments, 2008; zur ebenfalls umstrittenen Windenergie siehe etwa Guido Wustlich, Zeitschrift für Umweltrecht 2006, S. 16 ff. und S. 122 ff.

[39] Dabei ist stets auch zu berücksichtigen, dass der Sektor Treib- und Brennstoff (durch den Übergang zu Elektroautos, zu Passivhäusern usw.) auf Dauer wohl weitgehend an Bedeutung verlieren wird.

[40] Vgl. etwa Clark W. Gellings u. a., in: ders. u. a. (Hg.), Efficient Use and Conservation of Energy in Encyclopedia of Life Support Systems (EOLSS), EOLSS Publishers, 2004.

[41] Vgl. zu den folgenden Problemen Sachverständigenrat für Umweltfragen, Sondergutachten Biomasse, 2007; Felix Ekardt/Andreas Heym/Jan Seidel, Die Privilegierung der Landwirtschaft im Umweltrecht, Zeitschrift für Umweltrecht 2009, S. 169 ff.; Ekardt u. a. (Anm. 34); Kommission Bodenschutz der Bundesregierung, Bodenschutz beim Anbau nachwachsender Rohstoffe, Dessau 2008. Dass die langfristige Nutzbarkeit europäischer Böden ernstlich gefährdet ist, ist ein bisher auch in Fachkreisen nur selten wahrgenommenes Problem. Die Kommission Bodenschutz der Bundesregierung, der der Verfasser angehört, hat hierzu Ende 2008 eine Fachtagung veranstaltet und arbeitet dazu an einem Gutachten.

[42] Dazu z.T. der Bericht über die Förderung von Anbaupflanzen für andere als Nahrungs- oder Futtermittelzwecke des Ausschusses für Landwirtschaft und ländliche Entwicklung und Entwurf einer Entschließung des Europäischen Parlaments vom 24.02.2006, 2004/2259 (INI), www.europarl.europa.eu/sides/getDoc.do?pubRef=-//EP//TEXT+REPORT+A6-0040+0+DOC+XML+VO//DE.

[43] Vgl. dazu etwa IÖW, Klimawirkungen der Landwirtschaft in Deutschland, Berlin 2008, S. 16 ff.

[44] Vgl. IPCC, Special Report on Land Use, Land-Use Change and Forestry, 2000, Chapter 3.

[45] Das Kollektivgutproblem, die Kostenlosigkeit der kollektiven Güter und die Idee ihrer „Bepreisung“ sind Standardthemen der Umweltökonomie; vgl. etwa Wicke (Anm. 33); Hans Christoph Binswanger/Heinz Frisch/Hans Nutzinger, Arbeit ohne Umweltzerstörung, Frankfurt 1989.

[46] Die Verhandlungsentwürfe für ein Kopenhagen-Protokoll finden sich unter www.unfccc.int – dort wird sich dann ab Anfang 2010 auch das finden, was in Kopenhagen beschlossen wird.

[47] Besonders eingehend Wicke u. a. (Anm. 24); die Grundintention verfechten auch IPCC-Mitglieder wie Ottmar Edenhofer u. a., A Global Contract on Climate Change, Policy Paper, Potsdam 2008; letztlich auch Sinn (Anm. 36).

[48] Dagegen würde ein weltweiter Pro-Kopf-Emissionshandel zwischen allen Menschen weltweit (Personal Carbon Trading), also mit den einzelnen Menschen statt den Staaten (und innerhalb der Staaten den Primärenergieunternehmen) als Händlern, in südlichen Ländern, wo Menschen oft nicht einmal ein Bankkonto haben, unüberschaubare Vollzugs- und vor allem auch Kontrollprobleme aufwerfen.

[49] Vgl. Edenhofer u. a. (Anm. 47); Wicke u. a. (Anm. 24).

[50] Dafür beispielsweise Wicke u. a. (Anm. 24), S. 90 ff. und passim.

[51] Siehe etwa die drei Beiträge von Gerd Winter, Bernhard Wegener und Martin Beckmann/Andreas Fisahn in der Zeitschrift für Umweltrecht 2009, Heft 6.

[52] Die darin ebenfalls transportierte Vorstellung, es könne kein Recht auf Naturnutzung geben – vgl. Berger (Anm. 32) –, ist unzutreffend, denn es gibt kein vom Menschen unabhängiges „Eigenrecht der Natur“; vgl. dazu Kap. IV-V. Die von Berger vorgeschlagene Unterscheidung zwischen „absoluter“ und „relativer“ Gerechtigkeit hat damit keine rationale Grundlage. Ausführlicher gegen – nur vereinzelt vertretene – ökozentrische Ansätze in der Philosophie Ekardt (Anm. 1), §§ 4, 5.

[53] Dass diese Herangehensweise sinnvoller ist, wird nebenbei bemerkt auch in der Umweltökonomie seit langem so diskutiert (etwa in den Arbeiten von Gawel, Hansjürgens und Nutzinger).

[54] Vgl. dazu Hänggi (Anm. 4), S. 221 ff. mit weiteren .Nachweisen.

[55] Vgl. IAASTD, Global Summary for Decision Makers, Johannesburg 2008; Mae-Wan Ho/Lim Li Ching, Mitigating Climate Change through Organic Agriculture and Localized Food Systems, 2008, www.i-sis.org.uk/mitigatingClimateChange.php

[56] In diesem Sinne mit unterschiedlichen Nuancierungen OECD, Trade, Employment, and Labour Standards, 1996, S. 105 ff.; Elmar Rieger/Stephan Leibfried, Grundlagen der Globalisierung, Frankfurt a.M. 2002; Fritz Scharpf, Politische Optionen im vollendeten Binnenmarkt, in: Markus Jachtenfuchs u. a. (Hg.): Europäische Integration, Opladen 2003, S. 219 ff.; Hans-Werner Sinn, The New Systems Competition, Oxford 2003; Carl Christian von Weizsäcker, Die Logik der Globalisierung, 2. Aufl. Göttingen 2000. Zur empirischen Widerlegung solcher Äußerungen, die den „Wettlauf" abstreiten oder ihn für ausschließlich heilsam erklären, vgl. neben dem Fließtext auch Wolfram Spelten, WTO und nationale Sozialordnungen, Berlin 2005, S. 135 ff.

[57] Vgl. zur klassischen Theorie des internationalen Handels David Ricardo, On the Principles of Political Economy and Taxation, London 1817; siehe ferner Bertil Gotthard Ohlin, Interregional and International Trade, Cambridge 1933.

[58] Die Folge von alledem wäre freilich auch, das Völkerrecht, wie schon bisher das Europarecht, als strikt höherrangig gegenüber nationalem Recht zu begreifen; dazu Felix Ekardt/Verena Lessmann, Die dritte Gewalt im transnationalen Mehrebenensystem, Kritische Justiz 2006, S. 381 ff.

[59] Im Einzelnen dazu Felix Ekardt/Andrea Schmeichel, Border Adjustments, WTO Law, and Climate Protection, Critical Issues in Environmental Taxation 2009, S. 737 ff.

[60] Gemeint ist das Recht auf Selbstentfaltung bzw. auf Abwesenheit von Zwang (Thomas Hobbes). Nicht gemeint die „Willensfreiheit", also die Frage, über die Biologen und Philosophen erbittert streiten: Ob der Mensch überhaupt hirnphysiologisch die Fähigkeit mitbringt, „selbst" Entscheidungen zu treffen – oder ob der Mensch in Wirklichkeit vollständig determiniert ist. Diese Frage wird möglicherweise nie ganz zu beantworten sein, unter anderem weil sie in Aporien führt. Verneint man die prinzipielle Entscheidungsfähigkeit von Menschen, also die Willensfreiheit, ergeben moralische und rechtliche Diskurse per se keinerlei Sinn mehr. Deshalb mag diese Frage auf sich beruhen. Ob es demgegenüber ein Recht auf Freiheit, im Sinne von Selbstentfaltung, gibt, ist eine Frage, die im Fließtext zu diskutieren sein wird.

[61] Man könnte meinen, dass europa- und völkerrechtlich ein Teil der Menschenrechte – nämlich die allgemeine Handlungsfreiheit – nicht vorkomme, so dass der Ansatz, „alles auf die Freiheit zurückzuführen", dort per se nicht funktionieren könne. Ich halte das jedoch nicht für richtig; denn die Freiheit im umfassenden Sinne lässt sich jenseits formaler Menschenrechtserklärung als allgemeines Völkerrechtsprinzip herleiten. Näher dazu Ekardt u. a. (Anm. 13).

[62] Das Recht und die Moral „sind" übrigens nicht notwendigerweise das, was jemand Bestimmtes (und sei es eine Mehrheit) rein faktisch dafür hält. „Mehrheiten" oder „bereits ergangene Gerichtsurteile" sind für die Gerechtigkeit aber relevant, wenn es mehrere denkbare Lösungen einer Gerechtigkeits- oder Rechtsfrage gibt. Wir sehen das näher bei der Abwägungslehre; vgl. zum Ganzen Ekardt (Anm. 1), §§ 1, 6.

[63] Vgl. in Ansätzen Ron Lyster, Seperating the Wheat from the Chaff: Regulating Greenhouse Gas Emissions in a Climate of Uncertainity, Carbon & Climate Law Review 2007, S. 89 ff.; Franz-Josef Radermacher, Global Marshall Plan, Wien 2004; Sivan Kartha, The Right to Development in a Climate Constrained World. The Greenhouse Development Rights Framework, Paper of the Heinrich-Böll-Stiftung, EcoEquity, and the Stockholm Environmental Institute, 2007.

[64] Vgl. dazu Kartha u. a. (Anm. 53). Die ärmeren Entwicklungsländer sollen nach jenem Ansatz keinerlei Klimaschutzverpflichtungen auferlegt bekommen. Dem liegt jedoch wieder latent der verfehlte Ansatz „weniger Klimapolitik, um den Armen sozial Gutes zu tun" zugrunde, den das Modell Emissionshandel mit Ökobonus ja gerade überwindet. Weiterhin läuft das GDR-Konzept der nötigen Ausgewogenheit bei den historischen Emissionen zuwider. Darüber hinaus ist ein freiheitszentrierter Ansatz mit „kollektiven Entwicklungsrechten" unvereinbar.

[65] Es ist auch unter brillanten Wissenschaftlern (wie Niklas Luhmann) leider ein beliebtes Missverständnis zu denken, „universale" Freiheit (also die Geltung des Freiheitsprinzips an jedem Ort der Welt – dazu Kap. VI) bedeute zugleich die absolute Abwesenheit von Abwägungen. Dies sind zwei ganz verschiedene Fragen; wenn Freiheit mit Freiheit nun einmal jeden Tag kollidiert, dann kann auf Abwägungen unmöglich verzichtet werden.

[66] Auch wenn der Bezug zur Freiheit hier selten hergestellt wird, so ist

unter Juristen zumindest Konsens, dass die „bloß freiheitsförderlichen“ Bedingungen jedenfalls keine Menschenrechte darstellen.

[67] Im Einzelnen zur Kritik an der Gemeinwohlidee Ekardt (Anm. 1), § 5.

[68] Aus einem Klima-Sein folgt niemals ein Sollen; aus Fakten folgt nie, was im Leben richtigerweise geschehen sollte. Auch wenn manche Politiker das vielleicht gerne so hätten, weil sie dann nicht die Verantwortung für ihre zuweilen fatalen Entscheidungen tragen müssten. Zur Sein-Sollen-Scheidung und zur genauen Relevanz von Tatsachen und Tatsachenunsicherheit in Abwägungen (und überhaupt in rechtlich-moralischen Entscheidungen) auch Felix Ekardt/Davor Susnjar, Tatsachen und Tatsachenunsicherheiten im nationalen, europäischen und internationalen Umweltrecht, Jahrbuch des Umwelt- und Technikrechts 2007, S. 277 ff.

[69] Ausführlicher dazu Ekardt (Anm. 1), § 3.

[70] Vgl. Immanuel Kant, Kritik der reinen Vernunft, Riga 1781.

[71] Wie bei Ekardt (Anm. 1), § 5 näher hergeleitet wird, kann das (deutsche, europäische usw.) Recht zwar aufzeigen, dass das Freiheits- aus dem Menschenwürde- und dem Unparteilichkeitsprinzip folgt, und es lassen sich auch ungefähre Inhalte jener Prinzipien ermitteln. Die Frage „warum Menschenwürde“ (und teilweise auch deren Inhalt) ist jedoch nur über das logisch in der Menschenwürde als Hintergrund Vorausgesetzte klärbar – also über ihre moralische Begründung. Dies wird in der zuweilen geführten Diskussion über den Sinn von „Verfassungstheorien“ zu wenig deutlich. Es geht hier also nicht darum, einer Verfassung etwas „hinzuzufügen“; es geht vielmehr darum, einige in der jeweiligen „Verfassung“ zwingend vorausgesetzte Hintergrundannahmen sichtbar zu machen.

[72] Dazu wieder Welzer (Anm. 23).

[73] John Rawls, A Theory of Justice, Cambridge/Mass. 1971 *behauptet* beispielsweise lediglich, dass wir auch intergenerationell denken sollten.

[74] Einzelheiten dazu bei Ekardt (Anm. 1), § 3. So sieht Jürgen Habermas, Faktizität und Geltung, Frankfurt a.M. 1992, S. 537 die Basis des Freiheitsprinzips, das Autonomieprinzip als „dogmatische“ (also nicht begründete) Setzung an. Lediglich das zweite große Moralprinzip neben der Autonomie, das ebenfalls die Freiheit begründende (dazu im Fließtext) Unparteilichkeitsprinzip, sieht Habermas als universal

zwingend begründbar an; zu letzterem Jürgen Habermas, Moralbewusstsein und kommunikatives Handeln, Frankfurt a.M. 1983.

[75] Begründungsansätze, die dem vorliegenden (teilweise) ähnlich sind, entwickeln dagegen – aber ohne Bezug zur Nachhaltigkeit und zum Klimaschutz – Robert Alexy, Recht, Vernunft, Diskurs, Frankfurt a.M. 1995, S. 127 ff.; Christian Illies, The Grounds of Ethical Judgement, Columbus/ OH 2003, S. 129 ff.; Wolfgang Kuhlmann, Reflexive Letztbegründung, Freiburg 1985; Karl-Otto Apel/Matthias Kettner, Zur Anwendung der Diskursethik in Politik, Recht und Wissenschaft Frankfurt a.M. 1993; teilweise Habermas (Anm. 74, zweiter Nachweis), Frankfurt a.M. 1983, S. 56 ff. Die Klassiker Immanuel Kant und John Rawls bleiben demgegenüber mindestens unvollständig; dies klingt im Fließtext kurz an.

[76] Instrumentelle Vernunft kann stattdessen natürlich auch zur Suche nach effektiven Mitteln für die Verwirklichung ganz eigennütziger Ziele angewendet werden. Etwa: „Wie schaffe ich es, dass mich Herr Müller nicht beobachtet, wenn ich sein Portemonnaie klaue?"

[77] Die Feststellung faktisch häufig sehr „subjektiver" Perspektiven setzt vielmehr schon logisch voraus, dass es auch objektive Perspektiven gibt – denn sonst wäre das Subjektive an den subjektiven Perspektiven gar nicht sinnvoll bestimmbar. Ebenso – nur meist übersehen – für genau diese Differenzierung das berühmte Werk von Peter Berger/ Thomas Luckmann, Die gesellschaftliche Konstruktion der Wirklichkeit, Frankfurt a.M. 1960, S. 2.

[78] Vgl. die beiden bekanntesten, aber in vielen Einzelheiten durchaus gegensätzlichen ökonomischen Ansätze bei Stern (Anm. 6) und William Nordhaus, A Question of Balance. Weighing the Options on Global Warming Policies, New Haven 2008.

[79] Dieses Menschenwürdeprinzip ist selbst kein Freiheits-/ Grund-/ Menschenrecht. Dieses Prinzip ist sogar überhaupt keine auf konkrete Einzelfälle zugeschnittene Rechtsnorm, auch nicht eine solches des objektiven Rechts. Die Menschenwürde ist vielmehr der Grund der Freiheits- bzw. Menschenrechte, statt selbst ein Recht zu sein; sie dirigiert damit die Anwendung der anderen Normen, hier also der verschiedenen Freiheitssphären der betroffenen Bürger, und gibt die Autonomie als Leitidee der Rechtsordnung vor. Die „Unantastbarkeit" der Würde und ihr auch in Normen wie Artikel 1 Absatz 2–3 des deutschen

Grundgesetzes sichtbarer Charakter als „Grund" der Rechte zeigen, dass dies nicht nur philosophisch, sondern auch rechtsinterpretativ einleuchtet; zum diesbezüglichen Diskussionsstand Felix Ekardt/Daniel Kornack, Embryonenschutz auf verfassungsrechtlichen Abwegen?, Kritische Vierteljahreszeitschrift für Gesetzgebung und Rechtswissenschaft 2006, S. 349 ff.; ähnlich Christoph Enders, Die Menschenwürde in der Verfassungsordnung, Tübingen 1997; anderer Ansicht wohl etwa Ernst-Wolfgang Böckenförde, Juristenzeitung 2003, S. 809 ff.

[80] Dass Freiheit um der Würde willen besteht, ist etwa in Artikel 1 Absatz 2 des deutschen Grundgesetzes auch explizit ausgesprochen („darum", also um der Würde willen, gibt es die Freiheitsgarantien).

[81] Dies wird auch zugestanden von Nicholas Stern.

[82] Vgl. auch Davor Susnjar, Proportionality, Fundamental Rights, and Balance of Powers, 2009 (im Erscheinen). Problematisch an der bisherigen deutschen Debatte ist, dass viele aus diesem zutreffenden Punkt unzutreffend schließen, es gäbe keine Multipolarität (also keine gleichrangigen Abwehr- und Schutzrechte) und im Wesentlichen keine Abwägungsregeln; prominent etwa Ernst-Wolfgang Böckenförde, Staat, Verfassung, Demokratie, Frankfurt a.M. 1991, S. 188 ff. und passim.

[83] Zur gesamten Kritik auch Ekardt (Anm. 1); Hänggi (Anm. 4).

[84] Ausführlicher dazu Ekardt (Anm. 1), § 3.

[85] Vgl. zu weiteren Einwänden näher Ekardt (Anm.1), § 3. Meine Argumentation ist beispielsweise auch nicht etwa zirkulär dergestalt, dass ich der Kategorie „Grund" eine beliebige und nur vermeintlich universale Bedeutung unterschiebe und damit in Wirklichkeit eine typisch okzidentale Idee unzulässig universalisiere. Denn auch ein Angehöriger einer völlig „unwestlichen" Kultur wie etwa ein Trobriander in der Südsee verwendet, sobald er Sätze mit „weil, da, deshalb" nutzt, die Kategorie Grund. Ebenso wenig benötige ich eine Liste guter und weniger guter Gründe; „Grund" ist zunächst einmal eine rein formale Kategorie; was dann inhaltlich als guter Grund zu betrachten ist, ergibt sich aus dem, was der vorliegende Ansatz ableitbar macht: also alles, was aus Würde, Unparteilichkeit und Freiheit folgt (daraus folgt z. B. die gewaltenteilige Demokratie und der Kanon von Abwägungsregeln). – Mir unterläuft auch keinesfalls ein naturalistischer Fehlschluss dadurch, dass die Existenz der Kategorie „Grund" beim Men-

schen (anders als ihre Implikationen Achtung und Unparteilichkeit, die *logisch* und nicht empirisch durch Erfragen irgendwelcher faktischer Ansichten des Sprechers gewonnen werden) etwas Faktisches ist, von dem aus ich dann zu einer normativen Theorie gelange. Zwar ist letzteres formal zutreffend. Doch ist ein bloßes Faktum für normative Theorien dann *sehr wohl* relevant, wenn es eine empirische *Unmöglichkeit* signalisiert. Denn Normen sollen Konflikte lösen; und Normen, die nicht nur schwer, sondern schlicht *gar nicht* durchführbar sind, lösen keinen Konflikt. Und es ist eben nicht einfach nur ein beliebiges Faktum, dass Menschen in Gründen sprechen. Es kommt faktisch *nie* vor, dass ein Mensch nie in Gründen spricht – und es dürfte für Menschen auch existenziell *unmöglich* sein, dies nie zu tun. Ergo begehe ich keinen naturalistischen Fehlschluss; zum allerletzten Punkt auch Jürgen Habermas, Moralbewusstsein und kommunikatives Handeln, Frankfurt a.M. 1983.

[86] Vgl. zum Folgenden Ekardt (Anm. 1), § 1; Ekardt (Anm. 8), S. 223 ff.

[87] Vgl. jenseits der beiden Referenzaufsätze dieses Beitrags statt vieler Rudolf Steinberg, Der ökologische Verfassungsstaat, Frankfurt a.M. 1998, S. 114; Guy Beaucamp, Das Konzept einer zukunftsfähigen Entwicklung im Recht, Tübingen 2002, S. 18 ff.; demgegenüber im Sinne der hier verteidigten Begriffsbildung Konrad Ott/Ralf Döring, Theorie und Praxis starker Nachhaltigkeit, Marburg 2004; teilweise auch Ivo Appel, Staatliche Zukunfts- und Entwicklungsvorsorge, 2005, S. 339 ff.; implizit ebenso Herwig Unnerstall, Rechte zukünftiger Generationen, Würzburg 1999.

[88] Zur Kritik schon Ekardt (Anm. 8), S. 223 ff.; in puncto Wirtschaftswachstum zutreffend, ansonsten teilweise aber die Punkte im Fließtext übergehend Appel (Anm. 87), S. 339 ff.

[89] Ott/ Döring (Anm. 87); Stefan Siemer, in: Ekardt (Anm. 31), S. 129 ff.

[90] Ausführlich und zutreffend hierzu Appel (Anm. 87), S. 339 ff.

[91] Dazu auch Rolf Peter Sieferle u. a., Das Ende der Fläche. Zum gesellschaftlichen Stoffwechsel der Industrialisierung, Köln u. a. 2006, S. 133, 160 und passim; Hänggi (Anm. 4), S. 218 ff.

[92] Vgl. die berühmte Formulierung von der Kolonialisierung der Lebenswelt bei Jürgen Habermas, Theorie des kommunikativen Handelns, Bd. 2, Frankfurt a.M. 1981.